全国高职高专规划教材

环境影响评价基础技术

主　编　陈泽宏

副主编　李　恒　何秀玲　邓　康

中国环境出版社·北京

图书在版编目（CIP）数据

环境影响评价基础技术/陈泽宏主编. —北京：中国
环境出版社，2017.8
全国高职高专规划教材
ISBN 978-7-5111-3214-7

Ⅰ．①环…　Ⅱ．①陈…　Ⅲ．①环境影响—评价—
高等职业教育—教材　Ⅳ．①X820.3

中国版本图书馆 CIP 数据核字（2017）第 129519 号

更多信息，请关注
中国环境出版社
第一分社

出 版 人	王新程
责任编辑	黄晓燕　李兰兰
责任校对	尹　芳
封面设计	宋　瑞

出版发行　**中国环境出版社**
　　　　　（100062　北京市东城区广渠门内大街 16 号）
　　　　　网　　址：http://www.cesp.com.cn
　　　　　电子邮箱：bjgl@cesp.com.cn
　　　　　联系电话：010-67112765（编辑管理部）
　　　　　　　　　　010-67112735（第一分社）
　　　　　发行热线：010-67125803，010-67113405（传真）

印　　刷	北京中科印刷有限公司
经　　销	各地新华书店
版　　次	2017 年 8 月第 1 版
印　　次	2017 年 8 月第 1 次印刷
开　　本	787×960　1/16
印　　张	14
字　　数	290 千字
定　　价	30.00 元

前　言

本教材注重环境影响评价技术的入门和基础应用，让学生了解和熟悉环境影响评价的基本概念、基本程序，掌握环境影响评价基本技术与方法，能够从事低级别项目环境影响评价工作，填报环境影响登记表和编制建设项目环境影响报告表。

本教材由模块化的正文和配套使用的实训项目指导材料、附录三部分组成，正文部分有四个模块。模块一：认识环境影响评价；模块二：环境现状调查；模块三：项目工程分析；模块四：环境影响报告表的编制。

本书由广东环境保护工程职业学院陈泽宏担任主编，负责教材整体构思、统稿及模块一的编写工作。广东省环境保护工程研究设计院李恒和广东环境保护工程职业学院何秀玲、邓康担任副主编，李恒负责教材的案例收集，何秀玲、邓康分别编写了模块二和模块三。广东环境保护工程职业学院刘丽娟负责模块四的编写工作。广东环境保护工程职业学院郭璐璐、杨硕分别负责实训项目和附录编制。

中国环境出版社对本书的编写和出版给予了大力支持和帮助，在此一并致以深深的谢意。

由于编者水平有限，时间仓促，书中难免有错漏之处，望同行、读者批评指正。

编　者

2017 年 7 月 10 日

目　录

模块一　认识环境影响评价

工作情景：

你在环评单位工作，接到某建设单位代表打来的电话，说有一个住宅小区建设项目要做环境影响评价，问你们单位有没有资格做，如果有的话需要多少费用和多长时间能够完成，你如何回答？

涉及问题：

1. 你所在单位是否有资格做？
2. 要做什么样的环境影响评价文件？
3. 做该文件需要多少费用？要花多长时间？

学习导引：

认识和理解与环境影响评价相关的基本术语和概念；熟悉我国环境影响评价制度基本内容；掌握确定建设项目环境影响评价类型的方法；掌握环境影响评价咨询收费标准的使用；了解环境影响评价工作程序及其内容（工作量大小）。

一、基本术语

1. 环境（environment）与环境要素（environmental element）

人们概念中的环境通常由自然因素和社会因素两大部分组成，本书主要是指自然因素组成的环境。依据《中华人民共和国环境保护法》第二条规定，环境是指影响人类生存和发展的各种天然的和经过人工改造的自然因素总体，包括大气、水、海洋、土地、矿藏、森林、草原、湿地、野生生物、自然遗迹、人文遗迹、自然保护区、风景名胜区、城市和乡村等。自然因素的各组成成分一般称为环境要素。

2. 环境质量（environmental quality）

环境质量一般是指一定范围内自然环境的总体或其单个环境要素对人类生存、生活和发展的适宜程度。也就是满足人类对各环境要素的具体功能需要的程度。

3. 环境标准（environmental standard）

环境标准是指根据人类健康、生态平衡和社会经济发展对环境结构、状态的要求，在综合考虑本地区自然环境特征、科学技术水平和经济条件的基础上，由权威机构组织制定并发布的对环境要素间的配置、各环境要素的组成所规定的技术规范。例如，用于评价环境质量好坏程度的指标体系及其指标值的技术规范就是环境质量标准。

4．环境容量 （environmental capacity）

环境容量是指在保证人群健康和生态系统平衡不受危害的前提下，某一环境区域内环境系统或其中某一要素对污染物的最大容纳量。环境容量可分为静态环境容量和动态环境容量两部分。它们是项目环境影响预测与评价的客观依据。

静态环境容量是指环境要素中某污染物的现状指标值与其功能的允许限值（环境质量标准指标值）之间的绝对容量空间，与环境要素总体规模相关。

各环境要素本身不同程度地存在对进入其中的污染物进行降解、迁移和转化的净化功能，环境要素的这些净化功能所能提供的对污染物的接纳量称为动态环境容量。动态环境容量与环境要素的迁移转化参数条件相关。

5．环境影响 （environmental impact）

环境影响是指人类活动（政治、经济和社会文化活动）对环境的作用和导致的环境变化以及由此引起的对人类社会和经济的效应。

环境影响按影响的来源分，可分为直接影响（如空气 SO_2 污染）、间接影响（如酸雨污染）和累积影响（如空气灰霾）。按影响效果分，可分为有利影响（如植树造林）和不利影响（燃煤锅炉供热）。按影响性质分，可分为可恢复影响（如河水发黑变臭）和不可恢复影响（如土地沙化）。另外，环境影响还可分为短期影响和长期影响，地方、区域影响或国家和全球影响，建设阶段影响和运行阶段影响，等等。

6．环境影响评价 （Environmental Impact Assessment，EIA）

环境影响评价是指对拟议中的建设项目、区域开发计划和国家政策规划实施后可能对环境产生的环境影响（后果）进行系统的识别、预测和评估。

依据《中华人民共和国环境影响评价法》第二条规定，我国的环境影响评价，是指对规划和建设项目实施后可能造成的环境影响进行分析、预测和评估，提出预防或者减轻不良环境影响的对策和措施，进行跟踪监测的方法与制度。这一定义把我国环境影响评价工作的覆盖范围、具体工作程序和内容都概括清楚了。

二、环境影响评价制度

1．简介

环境影响评价制度是指在进行规划或建设活动实施之前，对建设项目的选址、设计和建成投产使用，以及政策规划颁布实施后可能对周围环境产生的不良影响进行调查、预测和评估，提出防治措施，并按照法定程序进行报批的环境管理法律制度。

环境影响评价制度已经成为所有发达国家和地区以及大多数发展中国家的一项基本的经济社会管理制度，正深刻影响着人类社会的发展进程。目前世界上的环境影响评价制度可分为两种：一是仅仅针对具体建设活动，这在世界大多数国家采用；二是针对所有对环境有影响的人类活动（包括经济、社会的各种公共政策规划甚至法律的制定），这主要在欧美等发达国家和地区采用。我国目前的环境影响评价制度介于两者之间，覆盖了所有具体建设活动及部分公共政策规划。

2．中国的环境影响评价制度

（1）历史沿革

我国最早在 1979 年颁布的《中华人民共和国环境保护法（试行）》中规定了环境影响评价的内容。该法第六条规定："一切企业、事业单位的选址、设计、建设和生产，都必须充分注意防止对环境的污染和破坏。在进行新建、改建和扩建工程时，必须提出对环境影响的报告书，经环境保护部门和其他有关部门审查批准后才能进行设计。"此后一直到 1989 年《中华人民共和国环境保护法》正式颁布之前，我国的环境影响评价主要是针对大中型污染性项目进行研究型评价，探索评价方法、评价模式和评价参数等。

1989 年正式颁布的《中华人民共和国环境保护法》中对环境影响评价制度做出了明确规定。我国的环境影响评价制度主要是围绕建设项目的环境影响评价进行逐步规范，先后出台了《建设项目环境保护管理条例》（1998 年）、《建设项目环境影响评价资格证书管理办法》（1999 年）、《建设项目环境保护分类管理名录》（1999 年试行，2002 年修订），并先后发布了相关评价技术导则（总则和大气、水、声、非污染生态环境要素的分则）。

2014 年 4 月 24 日，第十二届全国人大常委会第八次会议表决通过了《环境保护法修订案》，新《环境保护法》已经于 2015 年 1 月 1 日施行。至此，这部中国环境领域的"基本法"，完成了 25 年来的首次修订。

2003 年 9 月 1 日起施行的《中华人民共和国环境影响评价法》首次把规划的环

境影响评价纳入环境影响评价制度覆盖范围，标志着我国环境影响评价制度进入一个逐步与国际接轨的新阶段。《中华人民共和国环境影响评价法》于 2016 年 7 月 2 日第十二届全国人民代表大会常务委员会第二十一次会议重新修订，2016 年 9 月 1 日起施行。到现在为止，先后修订并更名了《建设项目环境影响评价资质管理办法》《建设项目环境影响评价分类管理名录》《建设项目环境影响评价分级审批规定》。2004 年颁布了《环境影响评价工程师职业资格制度暂行规定》及其相关考试、登记管理办法，2006 年颁布了《环境影响评价公众参与暂行办法》，2009 年颁布了《规划环境影响评价条例》。至今，先后发布了开发区建设、公路项目、石油化工项目、水利水电项目、规划（试行）、建设项目环境风险评价、城市轨道交通项目、农药制造项目、制药项目、煤炭采选工程等单项环境影响评价技术导则，修订了原来的大气环境影响、声环境影响和生态影响评价技术导则，颁布了地下水环境影响评价技术导则，修订并更名了环境影响评价技术导则的总纲。为进一步完善环境影响评价工作，2015 年出台了《建设项目环境影响后评价管理办法（试行）》《建设项目环境影响评价信息公开机制方案》《建设项目环境影响评价区域限批管理办法（试行）》等。

（2）环境影响评价制度内容

我国环境影响评价制度的主要内容分为以下五个方面：

①建设项目环境影响评价分类管理

根据环境保护部颁布的《建设项目环境影响评价分类管理名录》，我国把建设项目分为重大环境影响、轻度环境影响、对环境影响很小三类。

可能造成重大环境影响的，应当编制环境影响报告书，对产生的环境影响进行全面评价。

可能造成轻度环境影响的，应当编制环境影响报告表，对产生的环境影响进行分析或者专项评价。

对环境影响很小、不需要进行环境影响评价的，应当填报环境影响登记表。

其中环境影响报告书和环境影响报告表需要由具备环境影响评价资质和能力的机构进行编制，环境影响登记表实行备案管理。

②建设项目环境影响评价机构资质管理

根据 2015 年 4 月 2 日颁布的《建设项目环境影响评价资质管理办法》，我国建设项目环境影响评价机构资质等级分为甲级和乙级，资质证书在全国范围内通用，有效期为 4 年。评价范围包括环境影响报告书的 11 个类别和环境影响报告表的 2 个类别。

③从业人员具备资格证书

从事环境影响评价工作的技术人员应具备环境影响评价工程师资格并登记在所需要的业务类别。环境影响报告书（表）中应当附编制人员名单表，列出编制主持人和主要编制人员的姓名及其环境影响评价工程师职业资格证书编号、专业类别和登记编号。

④规划环境影响评价分类管理

根据《规划环境影响评价条例》的规定，我国把规划的环境影响评价分为规划的环境影响报告书和规划的环境影响篇章或说明两大类。

《规划环境影响评价条例》第六条规定，编制综合性规划，应当根据规划实施后可能对环境造成的影响，编写环境影响篇章或者说明。编制专项规划，应当在规划草案报送审批前编制环境影响报告书。编制专项规划中的指导性规划（指以发展战略为主要内容的专项规划），应当编写环境影响篇章或者说明。

⑤环境影响评价文件审批、审查分级管理

根据 2009 年 1 月环境保护部颁布的《建设项目环境影响评价文件分级审批规定》，我国对建设项目环境影响评价文件进行分级审批管理。环境保护部仅对跨省区建设项目、核设施及国家绝密工程项目、由国务院或国家投资主管部门审批核准的有重大环境影响项目的环境影响报告书进行审批，其余均由省级环境保护主管部门审批。省级环境保护主管部门又把部分审批权限分级下放到地市级及县区级环境保护部门，但各省、自治区、直辖市下放审批权限内容不尽相同。

根据国务院 2009 年 8 月 12 日颁布的《规划环境影响评价条例》，对规划环境影响评价文件的审查权限也实行分级管理。需要编制环境影响报告书的专项规划需要对其环境影响报告书进行审查，其中省级和设区的市级专项规划的环境影响报告书由其人民政府所属的环境保护主管部门组织专家和领导进行审查，国家级专项规划的环境影响报告书由国务院环境保护主管部门会同其他相关部门组织专家和领导进行审查。

（3）环境影响评价制度特点

根据制度设计内容及实际执行情况，我国环境影响评价制度具有以下三个方面的基本特征：

①以建设项目为中心

我国环境影响评价工作是从对环境有重大影响的建设项目开始起步的，逐步发展和完善了相关的法律制度及技术标准支撑体系，并把覆盖范围扩展到了国民经济所有建设领域。目前，建设项目的环境影响评价相关工作量非常庞大，审批建设项目环境影响评价文件已经成为各级环境保护部门日常主要工作之一。因此，也对建设项目环境影响评价机构及技术人员形成了很大的市场需求。

②纳入基本建设管理体系

我国对基本建设活动有一套从规划设计、施工到试产和投产验收的监督管理体系。自从我国环境影响评价制度正式诞生之日起，建设项目环境影响评价文件的审批就纳入了基本建设管理的法定程序，并且逐步演变成为审批建设项目的首要程序。

目前，建设项目（特别是有重大环境影响的项目）环境影响评价文件审批已经成为公众及媒体普遍关心的话题，进一步强化了环境影响评价制度在基本建设管理体系中的首要地位。

③具有法律强制性

与其他国家执行的环境影响评价制度不同的是，我国的环境影响评价制度一开始就纳入了法制管理体系，不是一般的技术咨询活动。首先，编制环境影响评价文件的机构、人员、技术标准乃至编制的内容都有明确的法律规定，一旦违反就有相应的处罚措施；其次，环境影响评价文件经法定程序审查批准后就成为建设单位必须执行的法律文件，违反或不执行相关要求就要受到法律的惩罚；最后，环境影响评价文件编制机构及审批机关同样也要对环境影响评价结论及审查结论承担相应法律责任。

课外阅读：

关于以改善环境质量为核心加强环境影响评价管理的通知

环评〔2016〕150 号

各省、自治区、直辖市环境保护厅（局），新疆生产建设兵团环境保护局：

为适应以改善环境质量为核心的环境管理要求，切实加强环境影响评价（以下简称环评）管理，落实"生态保护红线、环境质量底线、资源利用上线和环境准入负面清单"（以下简称"三线一单"）约束，建立项目环评审批与规划环评、现有项目环境管理、区域环境质量联动机制（以下简称"三挂钩"机制），更好地发挥环评制度从源头防范环境污染和生态破坏的作用，加快推进改善环境质量，现就有关事项通知如下：

一、强化"三线一单"约束作用

（一）生态保护红线是生态空间范围内具有特殊重要生态功能必须实行强制性严格保护的区域。相关规划环评应将生态空间管控作为重要内容，规划区域涉及生态保护红线的，在规划环评结论和审查意见中应落实生态保护红线的管理要求，提出相应对策措施。除受自然条件限制、确实无法避让的铁路、公路、航道、防洪、管道、干渠、通信、输变电等重要基础设施项目外，在生态保护红线范围内，严控各类开发建设活动，依法不予审批新建工业项目和矿产开发项目的环评文件。

（二）环境质量底线是国家和地方设置的大气、水和土壤环境质量目标，也是改善环境质量的基准线。有关规划环评应落实区域环境质量目标管理要求，提出区域或者行业污染物排放总量管控建议以及优化区域或行业发展布局、结构和规模的对策措施。项目环评应对照区域环境质量目标，深入分析预测项目建设对环境质量的影响，强化污染防治措施和污染物排放控制要求。

（三）资源是环境的载体，资源利用上线是各地区能源、水、土地等资源消耗不得突破的"天花板"。相关规划环评应依据有关资源利用上线，对规划实施以及规划内项目的资源开发利用，区分不同行业，从能源资源开发等量或减量替代、开采方式和规模控制、利用效率和保护措施等方面提出建议，为规划编制和审批决策提供重要依据。

（四）环境准入负面清单是基于生态保护红线、环境质量底线和资源利用上线，以清单方式列出的禁止、限制等差别化环境准入条件和要求。要在规划环评清单式管理试点的基础上，从布局选址、资源利用效率、资源配置方式等方面入手，制定环境准入负面清单，充分发挥负面清单对产业发展和项目准入的指导和约束作用。

二、建立"三挂钩"机制

（五）加强规划环评与建设项目环评联动。规划环评要探索清单式管理，在结论和审查意见中明确"三线一单"相关管控要求，并推动将管控要求纳入规划。规划环评要作为规划所包含项目环评的重要依据，对于不符合规划环评结论及审查意见的项目环评，依法不予审批。规划所包含项目的环评内容，应当根据规划环评结论和审查意见予以简化。

（六）建立项目环评审批与现有项目环境管理联动机制。对于现有同类型项目环境污染或生态破坏严重、环境违法违规现象多发，致使环境容量接近或超过承载能力的地区，在现有问题整改到位前，依法暂停审批该地区同类行业的项目环评文件。改建、扩建和技术改造项目，应对现有工程的环境保护措施及效果进行全面梳理；如现有工程已经造成明显环境问题，应提出有效的整改方案和"以新带老"措施。

（七）建立项目环评审批与区域环境质量联动机制。对环境质量现状超标的地区，项目拟采取的措施不能满足区域环境质量改善目标管理要求的，依法不予审批其环评文件。对未达到环境质量目标考核要求的地区，除民生项目与节能减排项目外，依法暂停审批该地区新增排放相应重点污染物的项目环评文件。严格控制在优先保护类耕地集中区域新建有色金属冶炼、石油加工、化工、焦化、电镀、制革等项目。

三、多措并举清理和查处环保违法违规项目

（八）各省级环保部门要落实"三个一批"（淘汰关闭一批、整顿规范一批、完

善备案一批)的要求,加大"未批先建"项目清理工作的力度。要定期开展督查检查,确保 2016 年 12 月 31 日前全部完成清理工作。从 2017 年 1 月 1 日起,对"未批先建"项目,要严格依法予以处罚。对"久拖不验"的项目,要研究制定措施予以解决,对造成严重环境污染或生态破坏的项目,要依法予以查处;对拒不执行的要依法实施"按日计罚"。

四、"三管齐下"切实维护群众的环境权益

(九)严格建设项目全过程管理。加强对在建和已建重点项目的事中事后监管,严格依法查处和纠正建设项目违法违规行为,督促建设单位认真执行环保"三同时"制度。对建设项目环境保护监督管理信息和处罚信息要及时公开,强化对环保严重失信企业的惩戒机制,建立健全建设单位环保诚信档案和黑名单制度。

(十)深化信息公开和公众参与。推动地方政府及有关部门依法公开相关规划和项目选址等信息,在项目前期工作阶段充分听取公众意见。督促建设单位认真履行信息公开主体责任,完整客观地公开建设项目环评和验收信息,依法开展公众参与,建立公众意见收集、采纳和反馈机制。对建设单位在项目环评中未依法公开征求公众意见,或者对意见采纳情况未依法予以说明的,应当责成建设单位改正。

(十一)加强建设项目环境保护相关科普宣传。推动地方政府及有关部门、建设单位创新宣传方式,让建设项目环境保护知识进学校、进社区、进家庭。鼓励建设单位用"请进来、走出去"的方式,让广大人民群众切身感受建设项目环境保护的成功范例,增进了解和信任。对本地区出现的建设项目相关环境敏感突发事件,要协同有关部门主动发声,及时回应社会关切。

以改善环境质量为核心加强环评管理,是深化环评制度改革的重要举措,是今后相当一段时期环评领域的重点任务。各级环保部门要切实提高认识,高度重视,加强领导,明确责任,强化能力建设,抓好落实,创新管理的方式方法,不断把环评工作推向新的阶段。

环境保护部

2016 年 10 月 26 日

三、环境影响评价工作依据

1．法律法规依据

法律法规是编制环境影响评价文件首先需要遵循的依据，有些法律和法规明确具体地规定了什么是环境敏感目标，什么地方允许或不允许建设何种项目，从何时开始限制、禁止或淘汰某类项目等。环境影响评价需要遵守的法律法规可分为全国性法律、全国性法规及政策、地方法规及政策三个层次。

（1）全国性法律

全国性法律是由全国人大及其常委会通过经国家主席签署颁布的，法律地位仅次于宪法。环境影响评价工作涉及的法律一般可以分为环境保护专业法和相关法两大类。

①环境保护专业法

环境保护专业法是指针对环境保护工作所涉及的环境要素而制定的专门法律。目前我国制定或修订过的环境保护专业法主要有以下几种：

- 《中华人民共和国环境保护法》（2014.4.24 修订，2015.1.1 起施行）
- 《中华人民共和国大气污染防治法》（2015.8.29 修订，2016.1.1 起施行）
- 《中华人民共和国水污染防治法》（2008.2.28 修订，2008.6.1 起施行）
- 《中华人民共和国环境噪声污染防治法》（1996.10.29 制定，1997.3.1 起施行）
- 《中华人民共和国固体废物污染环境防治法》（2004.12.29 修订，2005.4.1 起施行）
- 《中华人民共和国放射性污染防治法》（2003.6.28 制定，2003.10.1 起施行）
- 《中华人民共和国海洋环境保护法》（2013 年修订）
- 《中华人民共和国环境影响评价法》（2016 年修订，2016.9.1 起施行）
- 《中华人民共和国野生动物保护法》（2016 年修订，2017.1.1 起施行）

②环境保护相关法

环境保护相关法是指其他相关法律中也有部分内容是对环境保护工作的规定。目前与环境影响评价紧密相关的环境保护相关法律主要有以下几种：

- 《中华人民共和国水法》（2016 年修订）
- 《中华人民共和国土地管理法》（2004.8.28 修订通过并施行）
- 《中华人民共和国节约能源法》（2016 年修订）
- 《中华人民共和国清洁生产促进法》（2012 年修订）
- 《中华人民共和国城乡规划法》（2007.10.28 通过，2008.1.1 起施行）
- 《中华人民共和国循环经济促进法》（2008.8.29 制定，自 2009.1.1 起施行）

- 《中华人民共和国水土保持法》(2010.12.25 修订通过, 自 2011.3.1 起施行)
- 《中华人民共和国防沙治沙法》(2001.8.31 制定, 自 2002.1.1 起施行)
- 《中华人民共和国森林法》(2009 年修订)
- 《中华人民共和国草原法》(2013 年修正)

（2）全国性法规和政策

全国性法规与政策是指国务院及其所属部门根据法律授权或现实工作需要（法律没有规定）制定的法规性文件。其中以国务院名义制定并颁布的带有"条例"称号的文件属于行政法规；国务院所属部门制定的带有"管理办法""目录""名录"等称号的文件属于部门规章；国务院及其所属部门对某一阶段性工作做出的临时性规定属于政策（一般带有"决定""规定""通知"等称号）。

法规和政策类文件数量相对较多，且阶段性调整（新增、修订、废除）比较频繁。目前仍然有效的与环境影响评价紧密相关的行政法规、部门规章和政策如下：

①行政法规

《建设项目环境保护管理条例》《基本农田保护条例》《风景名胜区条例》《自然保护区保护条例》《规划环境影响评价条例》《废弃电器电子产品回收处理管理条例》《防治海洋工程建设项目污染损害海洋环境管理条例》《危险化学品安全管理条例》《医疗废物管理条例》等。

②部门规章

《建设项目环境影响评价分类管理名录》《促进产业结构调整暂行规定》《产业结构调整指导目录（2011 年本）（修正）》《外商投资产业指导目录（2011 年修订）》《环境影响评价公众参与暂行办法》《电磁辐射环境保护管理办法》《建设项目环境影响评价资质管理办法》《畜禽养殖污染防治管理办法》《消耗臭氧层物质进出口管理办法》《危险废物经营许可证管理办法》《国家危险废物名录》等。

③政策文件

《国务院关于落实科学发展观　加强环境保护的决定》《国务院关于投资体制改革的决定》《建设项目环境影响评价文件分级审批规定》《关于加强工业危险废物转移管理的通知》《关于检查化工石化等新建项目环境风险的通知》《关于防范环境风险加强环境影响评价管理的通知》《关于加强河流污染防治工作的通知》《关于印发〈编制环境影响报告书的规划的具体范围（试行）〉和〈编制环境影响篇章或说明的规划的具体范围（试行）〉的通知》《关于加强开发区区域环境影响评价有关问题的通知》《关于进一步加强环境影响评价管理工作的通知》，等等。

（3）地方法规和政策

各省（自治区、直辖市）、市（自治州、盟）、县（区、旗）分别根据国家的有关法律、法规和部门规章针对地方特点制定的具体实施办法，形成地方法规与政策。省级人大或经全国人大授权的市级人大通过的具有法律效力的文件称为地方性法规，一般带有"条例"称号。

省级人民政府或经全国人大授权的市级人民政府颁布的具有法律效力的文件称为地方政府规章，一般带有"办法"等称号。

省级人民政府各部门和省级以下各级人民政府及其所属部门颁布的有一定法律效力的文件均称为规范性政策文件。

地方法规和政策文件只在做出该文件的机关管辖范围内实施，并不得与国家的相关规定相抵触（国务院专门授权改革试点地区除外）。

就环境影响评价工作而言，与此紧密相关的是地方政府及其所属环境保护部门制定的各种环境功能区划、建设项目环境影响评价分级审批规定、环境影响评价文件报批程序及其资料要求、地方特殊区域的污染控制要求和行业准入条件、各种专项规划及其环境影响评价文件审查意见等。因此，环境影响评价工作者一定要事先详细了解项目所在地区有哪些与项目相关的地方法规文件及其特殊要求，避免在评价工作中走弯路。

2．技术规范依据

环境影响评价除了必须遵循法律法规及政策规定，还要遵守国家及地方颁布的各种技术规范。

（1）评价技术导则

各种环境影响评价技术导则是环境影响评价工作的主要技术依据，它们规范了环境影响评价的格式、内容、等级和范围，同时规范了各种评价技术方法的适用对象及条件。目前比较常用的几种评价技术导则如下：

- 《建设项目环境影响评价技术导则　总纲》（HJ 2.1—2016）
- 《环境影响评价技术导则　大气环境》（HJ 2.2—2008）
- 《环境影响评价技术导则　地面水环境》（HJ/T 2.3—93）
- 《环境影响评价技术导则　地下水环境》（HJ 610—2016）
- 《环境影响评价技术导则　声环境》（HJ 2.4—2009）
- 《环境影响评价技术导则　生态影响》（HJ 19—2011）
- 《建设项目环境风险评价技术导则》（HJ/T 169—2004）
- 《开发区区域环境影响评价技术导则》（HJ/T 131—2003）
- 《规划环境影响评价技术导则》（HJ/T 130—2014）
- 《辐射环境保护管理导则　电磁辐射环境影响评价方法与标准》（HJ/T 10.3—1996）
- 《500 kV 超高压送变电工程电磁辐射环境影响评价技术规范》（HJ/T 24—1998）

（2）评价标准

环境影响评价工作中常用到的评价标准主要是环境质量标准和污染物排放与控制标准两大类。常用的评价标准如下：

①环境质量标准

- 《环境空气质量标准》（GB 3095—2012）
- 《地表水环境质量标准》（GB 3838—2002）
- 《声环境质量标准》（GB 3096—2008）
- 《海水水质标准》（GB 3097—1997）
- 《土壤环境质量标准》（GB 15618—1995）
- 《地下水质量标准》（GB/T 14848—93）
- 《生态环境状况评价技术规范（试行）》（HJ/T 192—2006）
- 《居住区大气中有害物质的最高容许浓度》（TJ 36—79）
- 《工作场所有害因素职业接触限值　化学有害因素》（GBZ 2.1—2007）
- 《工作场所有害因素职业接触限值　物理有害因素》（GBZ 2.2—2007）
- 《电磁辐射防护规定》（GB 8702—88）

②污染物排放与控制标准

我国环境标准体系中污染物排放与控制标准（以下简称"排污标准"）的数量非常庞大，分为国家和地方两级，每一级中又分为综合排污标准和行业排污标准两类。具体执行时按照以下原则选择：

A．国家和地方排污标准之间执行相对较严格的标准

一般情况下，当国家标准制定早于地方标准时执行地方标准，当国家标准修订更新后个别污染物的控制指标比地方标准更严格时，则要执行国家最新标准。

B．行业标准与综合性标准不交叉执行，有行业标准的执行行业标准

行业与综合排污标准之间凡是项目的污染指标有行业排污标准的执行该项目所属的行业排污标准，没有的则执行综合排污标准。

（3）其他技术规范

环境影响评价中还会用到其他一些相关的技术规范，主要是污染控制技术规范和政策、环境监测技术规范、环境功能规划或区划技术规范等。常用的其他技术规范如下：

- 《国民经济行业分类》（GB/T 4754—2017）
- 《危险化学品重大危险源辨识》（GB 18218—2014）
- 《危险废物贮存污染控制标准》（GB 18597—2001）
- 《危险废物填埋污染控制标准》（GB 18598—2001）
- 《危险废物污染防治技术政策》（环发〔2001〕199 号）
- 《一般工业固体废物贮存、处置场污染控制标准》（GB 18599—2001）

- 《畜禽养殖业污染防治技术规范》（HJ/T 81—2001）
- 《水泥工业除尘工程技术规范》（HJ 434—2008）
- 《制革、毛皮工业污染防治技术政策》（环发〔2006〕38 号）
- 《印染行业废水污染防治技术政策》（环发〔2001〕118 号）
- 《燃煤二氧化硫排放污染防治技术政策》（环发〔2002〕26 号）
- 《矿山生态环境保护与污染防治技术政策》（环发〔2005〕109 号）
- 《地表水和污水监测技术规范》（HJ/T 91—2002）
- 《土壤环境监测技术规范》（HJ/T 166—2004）
- 《地下水环境监测技术规范》（HJ/T 164—2004）
- 《室内环境空气质量监测技术规范》（HJ/T 167—2004）
- 《近岸海域环境功能区划分技术规范》（HJ/T 82—2001）
- 《制定地方大气污染物排放标准的技术方法》（GB/T 13201—91）
- 《饮用水源保护区划分技术规范》（HJ/T 338—2007）

3．项目本身技术文件资料

建设单位提供的项目本身的技术资料也是环境影响评价的重要依据。具体有以下几个方面：

（1）项目环境影响评价委托书

项目环境影响评价委托书是报批项目环境影响评价文件时必需的附件，其内容规定了项目名称、项目建设单位、受托评价单位的重要信息。对于需要编制环境影响报告书的项目而言，其委托日期还决定了公众参与第一次公示的时限要求。

（2）项目可行性研究资料

项目可行性研究资料（有的称为项目计划书）一般包括项目的产品规划（种类及其规模结构）、生产运行工艺流程选择与设计、设备选型、原材料规划（消耗种类、来源与数量）、用水与用能规划（来源、种类与消耗方式、消耗量）、平面布局规划、环境保护设计与规划、人员及生产运行班制规划、施工建设规划等方面的内容。这些内容都是估算项目污染种类及其来源的位置与大小，评估其环境影响的重要依据材料。

（3）与项目相关的预审文件资料

环境影响评价实际工作中，有些项目需要预先取得一定的符合相关规划的批文方可进行环境影响评价，如城市房地产项目、电力发展项目、受限制的高耗能工业项目（如水泥、钢铁、电解铝等）等。这些批文中往往载明了项目建设是否纳入了区域规划或行业发展规划，是否符合建设规模或功能的控制要求，选址是否符合土地利用规划和区域布局规划，等等。这些文件是分析项目建设合理合法性的重要依据材料。

（4）项目环境保护委托文件

现实工作中，有些项目建设及运行单位本身是无能力和条件处理自己的"三废"及放射性污染的，需要委托其他有资质的专业机构进行收集和处理（如危险废物委托转移处理、废水委托收集集中处理等）。这就需要建设单位与相关单位签订委托处理意向书，载明项目委托处理的污染种类及大致的数量。这是环境保护部门掌握项目污染转移去向的重要依据，也是环境影响评价文件论证项目环境保护措施合理性的重要依据。

四、环境影响评价工作程序

根据工作内容及特点，环境影响评价全部工作程序一般可分为预备工作和正式工作两个阶段。这里仅以建设项目环境影响评价为例介绍其工作程序，规划环境影响评价的工作程序可参照进行。

1．预备工作阶段

建设项目环境影响评价的预备工作阶段也就是项目接洽阶段，主要是建设单位寻找合适的环评单位，并与环评单位进行项目信息交换和合同谈判的工作。就环评单位及其工作人员的工作而言，应按照以下工作步骤进行：

（1）搜集项目资料、查看项目现场，了解项目建设内容及选址位置；

（2）初步分析项目内容及选址是否严重违反国家及地方的法律法规和政策规定，如有违反的，建设单位能否做相应调整；

（3）确认项目内容及选址不严重违法的情况下，确定项目的环境影响评价文件类型；

（4）初步估计各环境要素评价等级和工作内容，与项目建设单位进行经费洽谈和合同商签。

2．正式工作阶段

一旦与建设单位签订了环境影响评价合同后，就进入了环境影响评价的正式工作程序。根据参与单位及工作性质，环境影响评价正式工作阶段可以分为环境影响评价文件编制和环境影响评价文件评审与报批两个阶段。每个阶段的工作程序如下：

（1）环境影响评价文件编制

环境影响评价文件编制主要在建设单位与受托的环境影响评价机构之间进行，相互之间的工作性质主要是协商、探讨和协助。其工作程序可以分为以下 10 个步骤（见图 1-1）。

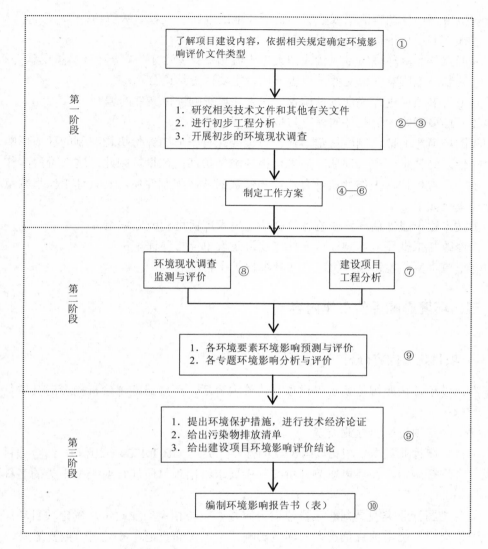

图 1-1 环境影响评价工作程序

①向业主搜集项目建设内容详细资料（简称"列资料清单"），确定环评文件类型；

②现场调查项目选址四周情况及环境敏感目标情况（简称"查看现场"）；

③报告书项目进行建设内容及委托环评机构情况公示（简称"第一次公示"）；

④搜集项目所在区域环境功能区划及规划文件资料（简称"调查环境功能区划"）；

⑤搜集项目所在区域自然环境概况资料；

⑥报告书项目调查测量或购买项目所在地的水文、气象参数资料；

⑦报告书项目进行项目工程分析；

⑧调查与监测环境质量现状或搜集历史监测资料（简称"调查环境质量现状"）；

⑨编制环境影响评价文件，报告书项目主要评价结论公示；

⑩报告书项目进行公众意见调查，完善环境影响评价文件的编制。

（2）环境影响评价文件的评审与报批

我国环境影响评价制度规定，建设单位委托有资质的评价机构编制的环境影响评价文件须经技术评审（评估）后方可报环境保护部门审批。因此，这一阶段工作引入了第三方机构，工作性质带有裁决与仲裁的法律强制性质。其具体工作步骤及其责任单位如下：

①技术评审或评估环境影响评价文件（技术评估机构或专家组）；

②修改与报批环境影响评价文件（项目建设单位与环评单位）；

③审查批复环境影响评价文件（环境保护主管部门）。

五、环境影响评价工作内容

1．项目建设内容分析

当建设单位按照规范要求提供项目建设内容后，环境影响评价机构要对其进行以下分析：

（1）确定项目所属行业类型

项目所属行业类型要根据《国民经济行业分类》（GB/T 4754—2017），结合项目建设内容进行确定。在环境影响评价文件中要求给出项目所属行业类型小类的名称及其代码。

项目所属行业类型是判断项目建设内容是否符合相关产业政策、确定项目环境影响评价类型、确定项目负责人的环境影响评价工程师登记业务类别的主要依据。

（2）确定项目建设性质

当建设单位提供项目建设内容后，环境影响评价机构要准确定位其建设性质。这关系到项目建设内容是否符合产业政策，关系到环境影响评价文件的编排内容格式及评价重点如何等。项目建设性质分为新建、扩建、改建（技术改造）、迁建（异地改扩建）等类型。具体含义如下：

①新建项目

新建项目一般是指从无到有，"平地起家"，原来没有的项目（或者建设内容与拟选址上原来内容无关），在拟选址进行全新的建设。包括新建的企业、事业和行政单位及新建输电线路、铁路、公路、水库等独立工程。现有企业、事业和行政单位的原有基础很小，经建设后，其新增加的固定资产价值超过其原有固定资产价值（原值）3倍以上，也应算为新建。

②扩建项目

扩建项目是指不改变现有项目的基本内容和结构，另外扩大部分或全部生产运行规模的建设。一般是指为扩大原有产品生产能力，在厂内或其他地点增建主要生产车间（或主要工程）、矿井、独立的生产线或总厂之下的分厂的企业；事业单位和行政单位在原单位增建业务用房（如学校增建教学用房、医院增建门诊部或病床用房、行政机关增建办公楼等），也作为扩建。

③改建项目

改建项目是指基本保留现有项目主体功能，但对相当部分的内容进行更新的建设。可分为技术改造和一般改建两种类型：

技术改造是指现有企业、事业单位为了技术进步，提高产品质量、增加花色品种、促进产品升级换代、降低消耗和成本、加强资源综合利用和"三废"治理及劳保安全等，采用新技术、新工艺、新设备、新材料等对现有设施、工艺条件等进行的技术改造和更新（包括相应配套的辅助性生产、生活设施建设）。技术改造不改变现有项目的产品类别，但改变生产方法和设备，提高生产效率及产品质量，降低单位产品的能耗、物耗和水耗。

一般改建是指企业、事业单位为充分发挥现有的生产能力或完善相关功能，进行填平补齐而增建不直接增加本单位主要产品生产能力的车间或不改变主体功能性质和规模的建设活动。例如，某企业把原来规划建设的备用锅炉建设完成，某医院增建应急供电的备用发电机等。

在改建或技术改造的同时也有扩建内容的，可称为"改扩建"或"技改扩建"。

④迁建项目

迁建项目是指为改变生产力布局或由于环境保护和安全生产的需要等原因而搬迁到另地建设的项目。在搬迁另地建设过程中，无论其建设规模是维持原规模，还是扩大规模，都按迁建统计。根据搬迁前后的项目功能与规模变化情况，搬迁项目可以定位为"异地改建""异地技改""异地扩建"，或"异地改扩建""异地技改扩建"。

（3）判断是否符合国家及地方产业政策

根据国务院转发国家发改委制定的《促进产业结构调整暂行规定》，我国对产业结构调整分为鼓励、允许、限制和淘汰四大类进行控制管理。其中，限制类的内容不得在建设项目中新建或扩建，但可以进行技术改造；淘汰类的内容不得进行任何建设且现有存在的要限期关闭淘汰；鼓励类及允许类的，只要环境许可都可以进行各种性质的建设。

产业政策主要是国家级的，个别省市还制定有地方的产业政策。目前国家最新的产业政策文件是《产业结构调整指导目录（2011年本）》。该文件列出了各大行业当前国家鼓励类、限制类和淘汰类的产业内容，未列入其中的则为允许类。

具体操作时应根据项目建设内容及所属行业类型，查阅《产业结构调整指导目录（2011 年本）》文件中与之相关部分的内容。具体查阅时建议使用电子版文件，这样可以采用关键字查询，确保查阅的全面性和准确性，提高查阅效率。若在该文件中查阅不到项目相关内容，则项目建设内容为允许类。当项目建设内容与该文件相关内容有重叠部分，但在具体规模、性质、型号等方面内容不清晰时，应向建设单位咨询具体情况，补充说明相关内容，以便确认项目内容所属产业控制类型。

2．环境现状调查

环境影响评价中与建设项目相关的环境现状调查包括项目四至情况调查、环境敏感目标调查、环境功能区划及规划调查、环境质量调查与监测、其他环境现状调查等内容。环境现状调查的具体内容和要求，以及调查方式和方法见模块二。

3．确定环境影响评价类型

确定建设项目的环境影响评价类型是在初步判断项目建设合理合法基础上首先要进行的工作。这决定了环境影响评价工作的深度，进而影响环境影响评价文件的形式及审批级别。

（1）法规依据

《建设项目环境影响评价分类管理名录》（附录一）详细规定了如何确定项目环境影响评价类型的方法。决定项目环境影响评价类型的条件有三项：①项目所属行业类型；②项目建设内容及规模；③项目所在区域的环境敏感属性。

（2）确定方法

①第一步，根据项目建设内容，确定项目所属行业类型。

《国民经济行业分类》（GB/T 4754—2017）把我国的所有国民经济行业划分为字母编号从 A 到 T 的 20 个门类，每个门类又分为若干个大类、中类和小类。具体确定项目行业类型时，根据项目建设内容在《国民经济行业分类》首先找到相应行业门类，然后辨别大类、中类，最后找到小类并确定其行业名称及代码。项目的行业代码应是门类的字母加上小类的四位数字码。

例：某营业面积 3 000 m^2 的卡拉 OK 歌舞厅项目的行业类型名称是"歌舞厅娱乐活动"，行业代码是"R9011"。

在确定项目行业类型名称的基础上，结合项目具体建设内容，查阅《建设项目环境影响评价分类管理名录》表格部分第一列中相关行业名称，可找到对应的项目类别栏目。

例：上述歌舞厅项目属于该名录中的"四十、社会事业与服务业"的"115. 餐饮、娱乐、洗浴场所"。

②第二步，确定项目建设内容所属类别或规模级别。

《建设项目环境影响评价分类管理名录》把项目的内容根据类别或规模级别分成三个层次，结合项目所在地的环境敏感区特征，最高层次的一般要求编制环境影响报告书（放在表格的第二列），中间层次的要求编制环境影响报告表（第三列），最低层次的要求填写环境影响登记表（第四列）。第五列则指出相关层次中环境敏感区具体对应的环境敏感属性类别。如果第五列内容为空白的，则表明前几列内容中与项目所处环境是否敏感无关。

在这一步要弄清楚项目建设内容应归类在哪一个或哪两个级别和类别，初步确定项目的环境影响评价类别。

例："115. 餐饮、娱乐、洗浴场所"第二列没有规定相关内容，第三列也没有规定相关内容，第四列规定为"全部"，第五列没有规定相关内容。上述歌舞厅应做环境影响登记表。

③第三步，结合环境敏感性调查结果，确定项目位置环境敏感属性。

《建设项目环境影响评价分类管理名录》表格部分的第五列给出了项目类别对应各层次中的环境敏感区属性分别对应的上述环境敏感区类型中哪一类或哪几类。

具体操作时要结合项目附近环境敏感目标调查的结果（调查内容及方法见模块二），再根据项目所属行业类别所在行的第五列给出的环境敏感区具体含义确认项目是否位于环境敏感区。

例：某影视拍摄基地选址附近有村庄和基本农田保护区。查阅该名录的"四十、社会事业与服务业"的"121.影视基地建设"的第二列和第三列，分别规定为"涉及环境敏感区的"和"其他"，而第五列规定为"第三条（一）中的全部区域；第三条（二）中的基本草原、森林公园、地质公园、重要湿地、天然林、野生动物重要栖息地、重点保护野生植物生长繁殖地；第三条（三）中的全部区域"。显然项目附近的村庄属于第五列所规定的"（三）"中的"以居住为主要功能的区域"，因此该项目属于第二列规定的"涉及环境敏感区的"类别。

④第四步，最终确定项目环境影响评价类型。

当第三步工作完成后，就可以在第二步基础上准确地选择确定项目环境影响评价属于哪一类型。

例：某地计划新建两个建筑用石采石场，年采石均为 6 万 m³，一个位于广东某水土流失重点防治区，另一个位于严重缺水的石灰岩地区。查阅名录的"四十五、非金属矿采选业"的"137.土砂石、石材开采加工"第二列规定为"涉及环境敏感区的"，第三列规定为"其他"，第四列空白，第五列规定为"第三条（一）中的全部区域；第三条（二）中的基本草原、重要水生生物的自然产卵场、索饵场、越冬场和洄游通道、沙化土地封禁保护区、水土流失重点防治区"。显然，第一个采石场位于"水土流失重点防治区"符合第五列规定的环境敏感区类型，满足第二列分号并列规定的"涉及环境敏感区的"条件，因此该采石场应做环境影响报告书；另一个采石场位于"严重缺水的石灰岩地区"但不在第五列规定范围，因此"不涉及环境敏感区"，按照其采石规模属于第三列规定的"其他"，应做环境影响报告表。

4．编制环境影响评价文件

（1）环境影响登记表的填写

在确定项目环境影响评价类型是填写环境影响登记表后，建设单位可自行或委托其他中介服务机构填写项目环境影响登记表。建设单位需签字盖章确认相关内容，然后报环境保护部门备案。

（2）环境影响报告表的编制

在确定项目环境影响评价类型是编制环境影响报告表后，建设单位应委托有相应资质的环境影响评价机构编制环境影响报告表，必要时进行技术评审（或评估），最后由建设单位签字盖章确认后报环境保护部门审批。

（3）环境影响报告书的编制

在确定项目环境影响评价类型是编制环境影响报告书后，建设单位应委托有相应资质的环境影响评价机构编制环境影响报告书，并协助评价机构或自主进行环境影响评价的公众参与工作。

5．环境影响评价文件的评审与审批

环境影响报告书应按照规定程序进行技术评审（或评估），最后由建设单位签字盖章确认后报环境保护部门审批。必要时，环境影响报告表也应进行技术评审（或评估）后报批。

（1）技术评审

建设单位委托有资质的环境影响评价机构编制的环境影响报告书或环境影响报告表，一般需要由第三方技术评估机构组织进行专家评审和技术评估。没有专门技术评估机构的地方一般由具有项目审批权限的环境保护部门组织专家进行评审。

专家评审及技术评估主要从项目建设本身的环境可行性和环境影响评价文件的编制质量两个方面进行。凡是判断项目建设本身环境不可行的，一般不予通过评审或评估；项目建设本身环境可行但环境影响评价文件编制质量较差的，要求按照评审或评估意见补充修改后重新复审或复核。

对于环境影响报告表可以不组织专家评审，没有技术评估机构的地方一般也不进行技术评估，直接由环境保护审批部门给出初审意见要求修改补充。

对于把握不是太准的重大项目，环境影响评价机构还可以额外委托技术评估机构先对项目的环境影响评价大纲进行技术咨询评审，给出技术咨询意见。这样可以避免在工程分析、现状调查等评价工作中走弯路。

（2）行政审批

环境影响评价文件经技术评审或评估通过后，评价机构需与建设单位紧密配合，按照评审或评估意见尽快完成环境影响评价文件的修改补充，然后交由建设单位到有审批权限的环境保护主管部门报批。

环境保护主管部门接到符合条件的环境影响评价文件及其他相关证明文件资料后，应在法定时间内给出审查批复意见。根据《环境影响评价法》，审批部门应当自收到环境影响报告书之日起六十日内，收到环境影响报告表之日起三十日内，分别做出审批决定并书面通知建设单位。为提高办事效率，个别地方政府环境保护部门承诺的批复时限更短，有的地方报告书项目审批时限缩短为 30 天，报告表项目缩短为 15 天。但这种承诺期限没有法定效力，逾期不能视为法定批复同意，仅仅作为政府部门绩效考核的依据。

同意项目建设的环境影响评价文件的审查批复意见一般包含以下主要内容：

①载明收到建设单位及相关单位提供的相关报批文件资料；

②确认项目主要建设内容及选址选线方案；

③确认环境影响评价文件的评价结论及相关技术评估结论，同意建设该项目；

④给出项目应执行的污染物排放标准及污染物排放总量指标；

⑤提出具体的环境保护措施要求及"三同时"验收清单；

⑥指出项目建设过程的环境监理内容及委派的监理单位（或委托监理单位的资质要求）；

⑦给出批复文件的有效截止日期（批复之日起五年内开工建设有效）。

广东省内送环保厅的环评项目，可参考《广东省环境保护厅建设项目环境影响评价文件审批程序规定》（附录六）。

【思考与练习】

1. 举例说明：什么是静态环境容量，什么是动态环境容量？

2. 举例说明：什么是直接环境影响、间接环境影响、累积环境影响？什么是有利环境影响、不利环境影响？

3. 建设项目环境影响评价有哪些类型？确定项目环境影响评价类型需要哪些要件？

4. 在环境影响评价预备工作阶段，环境影响评价机构要做哪些工作？

5. 某住宅小区计划在预留空地上建设二期工程，总建筑面积 96 400 m^2。请问该项目的行业名称及代码如何？项目的建设性质如何？是什么环境影响评价类型？

6. 某建设单位计划投资 23 000 万元建设一个年产 1 200 万 m^2 建筑陶瓷的项目，项目位置附近不存在环境敏感区，请问编制该项目环境影响评价文件大致需要多少经费？

实训一　确定建设项目环境影响评价类型

实训目的：

学会确定建设项目行业名称及代码，确定项目编制环境影响评价文件的类型。

实训学时安排： 4 学时。

实训场地要求： 多媒体课室或电脑机房。

实训工具材料：

1. 实际建设项目的建设内容。

2. 项目位置环境特征的调查结果材料。

3. 《国民经济行业分类》纸质版（课室）或电子版（机房）资料。

4. 《建设项目环境影响评价分类管理名录》纸质版（课室）或电子版（机房）资料。

5. 实训记录纸（A4 幅面纸质版）。

实训方法： 由每位学生根据教师给定的实训材料独立完成。

实训步骤：

第一步：根据项目建设内容，确定项目所属行业类型。

根据项目建设内容在《国民经济行业分类》首先找到相应行业大类，然后辨别中类，最后找到小类并确定其行业名称及代码。行业代码应是大类的字母加上小类的四位数字码。

在确定项目行业名称基础上，结合项目具体建设内容，查阅《建设项目环境影响评价分类管理名录》表格部分第一列中相关行业名称，可找到对应的项目类别栏目。

第二步：确定项目建设内容所属类别或规模级别。

根据项目行业类型对应《建设项目环境影响评价分类管理名录》中表格部分第1 列的相关内容，结合项目本身的实际建设内容，确定项目的建设内容的规模或类别属于表格中那一列或那两列的内容，位于第 2 列的初步确定编制环境影响报告书，位于第 3 列的初步确定编制环境影响报告表，位于第 4 列的初步确定编制环境影响登记表。

第三步：结合项目环境敏感性调查结果，确定项目位置环境敏感属性。

如果在第二步中的表格相应列内容中有"涉及环境敏感区"或"不涉及环境敏感区"的，还要结合项目位置的环境敏感特性查找表格该行对应的第五列说明并结合正文第三条的内容确定项目位置是否涉及环境敏感区。如果相应列没有列明"涉及敏感区"或"不涉及环境敏感区"内容的，则不需要进行此步骤，实训记录此项填写"无分别"。

第四步：最终确定项目环境影响评价类型。

结合第二步和第三步的结果，最终确定建设项目环境影响评价唯一类型。

实训记录：（本项目实训结果以纸质版结果提交给教师）

确定建设项目环境影响评价类型实训记录表（参考模板）

实训人员：班级：_____ 姓名：_____ 学号：_____

实训地点：_____ 实训日期：_____年___月___日

实训结果：

案例编号	项目行业名称及代码	在名录中的项目类别	建设内容的规模级别或类别	所处位置环境敏感属性	确定的环境影响评价类型

实训记录表填写说明：

1. "项目行业名称及代码"为第一步查找的结果。

2. "建设内容的规模级别或类别"为第二步查找的结果，内容完全按照《建设项目环境影响评价分类管理名录》表格中原来内容填写再加上所对应列的名称；例：第1列的"二十、黑色金属冶炼和压延加工业，59.炼钢"项目对应的第2列内容是"全部"，就填写"全部做报告书"，第1列"二十一、有色金属冶炼和压延加工业，66.压延加工"项目对应第3列内容为"全部"就填写"全部做报告表"。

3. "所处位置环境敏感属性"分别填写"涉及敏感区""不涉及敏感区""无分别"三种；凡是第五列没有说明环境敏感属性的均填写"无分别"。

4. "确定的环境影响评价类型"分别填写"报告书""报告表""登记表"。

参考资料：

建设项目案例材料（教师根据情况选用或另行安排案例材料）

编号	项目建设内容及规模	地理位置环境特征
1	广州市计划从佛山三水的西江取水建设日输送 150 万 t 饮用水水源的引水工程	经过人口稠密居住区、基本农田保护区
2	南沙区原 100 亩*自然水塘田，主要种植莲藕，现改造为专业养殖鱼塘的农田	是省级规划的湿地保护区
3	广州市原火车南站计划新建南方电煤储运中转枢纽区	位于芳村居住、学校混合区
4	怀集县汶朗镇计划在凤岗河中游建设装机容量 800 kW 的水力发电站	电站位置是省级自然保护区的实验区范围
5	东莞市望牛墩镇建设能够储存各种油品 12 万 m³ 的油库，并配套建设油码头	东江 II 类水质规划区
6	海南某县建设利用废钢炼钢年产 30 万 t 钢的钢铁厂	规划为工业区
7	南海狮山镇某地建设利用铝锭压延加工生产日用铝合金制品	规划工业园区
8	珠海斗门区某企业计划建设铸铁制造的模具 15 万件（每件 50 kg）	规划工业区
9	云浮某企业计划建设建筑用石场，年采石 8 万 m³	边界外 200 m 有某市级风景名胜区
10	云浮某镇计划建设年产建筑装饰用大理石板材 8 000 m³ 的石材厂	规划的工业区
11	深圳光明区某企业计划建设年产 10 万台电动自行车生产厂，主要是购置各订单企业配合生产的部件组装	规划的工业区
12	广州某企业计划在广州经济技术开发区建设年产 1 万 t 洗衣粉厂	规划工业开发区
13	番禺区计划建设年屠宰 100 万头的生猪屠宰场	规划工业区
14	中山南朗镇计划建设年加工鱼虾 1.5 万 t 的水产品加工厂	规划工业区
15	惠州博罗县园洲镇计划建设年产 1 000 万双的皮鞋制造厂，年使用有机胶水 20 t	规划工业区
16	广东省中山市五桂山镇计划建设连接龙塘至桂山的 5 km 乡镇公路	经过人口稠密居住区、自然保护区的实验区
17	云安县计划在珠江的西江支流六都港建设泊位 3 000 t 的煤、水泥、沙石中转码头	六都镇西江饮用水源二级保护区
18	广州市中山大道—天河路 BRT 道路两侧绿化美化工程	人口稠密居住区、学校等

编号	项目建设内容及规模	地理位置环境特征
19	广州市为迎接亚运会，计划全面维修城市道路的路灯和路基工程	人口稠密居住区、学校、办公区等
20	封开县某住宅小区，全部为小高层建筑，总建筑面积 88 460 m²	规划住宅用地
21	广东省环保厅计划在南海丹灶建设各类建筑总面积 12 万 m²，容纳学生人数约 8 000 人的省环保高职院校	规划为教育用地
22	珠海金湾区计划建设容纳人数 2 000 人、总用地面积 26 000 m² 的影剧院	居住、文教区
23	丹灶镇有为大道—皇上皇酒楼附近计划新建一间营业面积 2 000 m² 的网吧	居住、文教区
24	番禺区某大型楼盘住宅小区计划配套增加 800 m² 的洗车场	居住区
25	中国联通南海分公司计划在丹灶某住宅小区附近增建 1 台手机信号发射基站	居住区

* 1 亩=1/15 hm²。

模块二　环境现状调查

工作情景：

你所在单位接洽谈判确定了要做某建设项目环境影响报告书（表），建设单位提供了项目的基本资料，单位领导安排你负责完成这个项目的环境影响报告书（表）有关环境现状部分章节的编写工作，你从何处着手，如何完成这项工作任务？

涉及问题：

1. 环境影响报告书（表）的环境现状部分包括哪些内容？
2. 编制环境现状部分需要哪些资料？
3. 如何取得环境现状所需要的各种资料？

学习导引：

了解环境现状调查的种类和作用；熟悉各种环境现状调查的具体内容和要求；掌握各种环境现状调查的具体方法和常用辅助工具的使用。

一、环境现状调查分类

1．自然环境现状调查与评价

包括地形地貌、气候与气象、地质、水文、大气、地表水、地下水、声、生态、土壤、海洋、放射性及辐射（如必要）等调查内容。根据环境要素和专题设置情况选择相应内容进行详细调查。

2．环境敏感性

环境敏感性是指与拟建项目的生产经营内容及所在具体位置相关的自然和社会环境的敏感要素分布情况。环境敏感性调查内容包括环境功能属性、边界四周环境状况和环境敏感区状况。

根据国家相关法律法规及相关规范的规定，环境敏感区（点）是指依法设立的各级各类自然、文化保护地，以及对建设项目的某类污染因子或者生态影响因子特别敏感的社会关注区域。

3．环境质量现状

拟建项目所在地区的空气、水、声环境以及生态环境现状的具体指标值大小及与环境质量标准的符合程度。

4．现有污染源状况

现有污染源状况是指拟建项目所在区域（一般是评价范围内）已经存在或已经批准建设的项目的污染产生与排放情况。

5．区域与产业发展规划情况

区域发展规划是在一定地区范围内对整个国民经济建设进行总体的战略部署。它是以国家和地区的国民经济和社会发展长期规划为指导，结合规划区内的自然和社会经济条件，考虑地区发展的潜力和优势，研究确定的区域社会经济的发展方向、规模、结构及其布局分配的总体方案。

产业发展规划是指某一级政府及其所属工作部门对其下辖区域某一产业的总体规模、生产技术水平、区域布局等方面做出的阶段性规划。

二、环境概况调查

1．自然环境概况调查

（1）自然环境概况调查的作用

自然环境概况调查的作用主要是通过对项目周边区域各自然环境要素的概况资料进行收集和整理，摸清项目所在区域的自然环境概况，有助于识别判断项目建设的自然环境限制因素，同时为项目的环境影响预测分析工作做好基础资料准备。

（2）自然环境概况调查内容

①项目地理位置

项目地理位置应根据建设单位提供的建设地址，对建设地址处的经度、纬度、行政区划位置和交通路线情况进行说明，还要说明项目位置与附近主要城市、车站、码头、港口、机场等的距离和交通条件，并附地理位置图。

项目地理位置图范围要适中，要能够分辨出项目所在镇级或社区行政区域，同时也要显示出到达项目现场的主要交通路线（县级以上公路或城市次干道）。图上要准确标出项目位置（项目位置应基本处于图的中央），并配备比例尺、方位标志和图例说明。若项目建设内容中有多个建设地址且无法在一张图上表达清楚的（如公路、铁路、油气输送管线等跨度大的项目），应分成多个图表达。

图 2-1 是某建设项目地理位置图（样图）。

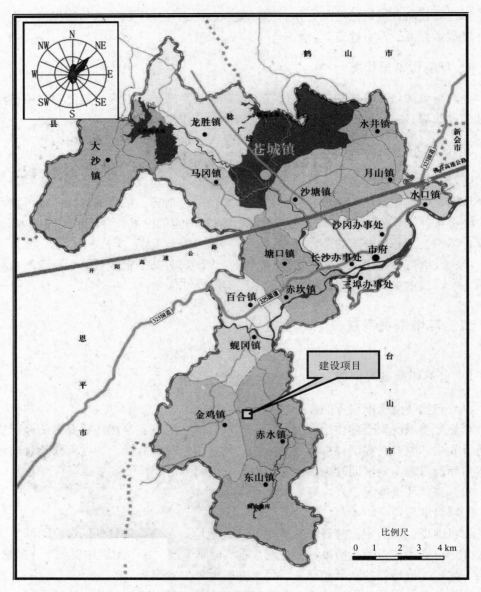

图 2-1　某项目地理位置图（样图）

②项目所在区域自然环境要素

地质：一般情况，只需根据现有资料，选择下述部分或全部内容，概要说明当地的地质状况，即：当地地层概况，地壳构造的基本形式（岩层、断层及断裂等）

以及与其相应的地貌表现，物理与化学风化情况，当地已探明或已开采的矿产资源情况。若建设项目规模较小且与地质条件无关时，地质现状可不叙述。

地形地貌：一般情况，只需根据现有资料，简要说明下述部分或全部内容：建设项目所在地区海拔高度，地形特征（高低起伏状况），周围的地貌类型（山地、平原、沟谷、丘陵、海岸等）以及岩溶地貌、冰川地貌、风成地貌等地貌的情况。

气候与气象：建设项目所在地区的主要气候特征，年平均风速和主导风向，年平均气温，极端气温与月平均气温（最冷月和最热月），年平均相对湿度，平均降水量、降水天数，降水量极值，日照，主要的天气特征（如梅雨、寒潮、雹和台风、飓风）。如需进行建设项目的大气环境影响预测评价，除应详细叙述上面全部或部分内容外，还应根据大气环境影响评价等级的不同要求，对大气环境影响评价区的大气边界层和大气湍流等污染气象特征进行调查与必要的实际观测。

地面水环境：应根据现有资料，概要说明地面水状况，如水系分布、水文特征、极端水情；地面水资源的分布及利用情况，主要取水口分布，地面水各部分如河、湖、库之间及其与河口、海湾、地下水的联系，地面水的水文特征及水质现状，以及地面水的污染来源等。如果建设项目在海边时，应根据现有资料概要说明海湾环境状况，如海洋资源及利用情况、海湾的地理概况、海湾与当地地面水及地下水直接的联系、海湾的水文特征及水质现状、污染来源等。如需进行建设项目的地面水或海湾环境影响预测评价，除应详细叙述上面的部分或全部内容外，还应根据水环境影响评价等级的不同要求，增加水文、水质调查，水文测量及水资源利用状况调查等有关内容。

地下水环境：根据现有资料简述下列内容：地下水资源的赋存及开采利用情况，地下潜水埋深或地下水水位，地下水与地面水的联系以及地下水水质状况与污染来源。若需进行地下水环境影响预测评价，除要比较详细地叙述上述内容外，还应根据地下水环境影响评价等级的不同要求，对水质的物理、化学特性，污染源情况，水的储量与运动状态，水质的演变与趋势，水文地质方面的蓄水层特性，承压水状况，地下水开发利用现状与采补平衡分析，水源地及其保护区的划分，地下水开发利用规划等做进一步调查。

土壤与水土流失：可根据现有资料简述建设项目周围地区的主要土壤类型及其分布，成土母质，土壤层厚度、肥力与使用情况，土壤污染的主要来源及其质量现状，建设项目周围地区的水土流失现状及原因等。当需要进行土壤环境影响评价时，除应详细叙述上面的部分或全部内容外，还应根据需要选择以下内容进一步调查：土壤的物理、化学性质，土壤成分与结构，颗粒度，土壤容重，含水率与持水能力，土壤一次、二次污染状况，水土流失的原因、特点、面积、侵蚀模数元素及流失量等，同时要附土壤和水土流失现状图。

动植物与生态：应根据现有资料简述建设项目周围地区的植被情况，如类型、主要组成、覆盖度、生长情况等，有无国家重点保护的或稀有的、特有的、受威胁的或作为资源的野生动植物，当地的主要生态系统类型如森林、草原、沼泽、荒漠、湿地、水域、海洋、农业、城市生态等及现状。若建设项目规模较小，又不进行生态影响预测评价时，这一部分可利用历史调查统计资料简化描述即可。若建设项目规模较大，需要进行生态影响预测评价时，除应详细叙述上面的部分或全部内容外，还应根据生态环境影响评价等级的不同要求，选择以下内容进一步调查：生态系统的生产力、物质循环状况，生态系统与周围环境的关系以及影响生态系统的主要因素，重要生态环境情况，主要动植物分布，重要生境、生态功能区及其他生态环境敏感目标等。

（3）自然环境概况调查方法

自然环境概况调查所需要的资料主要通过收集历史资料法来进行，缺乏历史资料的地方需要补充实地调查或观测。

对于环境影响报告表项目，可通过浏览当地政府网站的地区自然环境概况部分进行资料收集，或者通过网络搜索引擎来收集。

对于环境影响报告书项目，除了上述互联网渠道外，可以通过从当地政府相关部门收集更加详细的资料，一般可从水利或海洋主管部门收集当地水文地质及水土流失情况资料，从气象部门收集当地气象气候资料，从农林部门收集当地动植物及生态情况资料等。另外，还可从图书馆渠道搜集当地编撰的地方志、水利志、气象志、农林志等书籍资料加以利用。

在已进行过其他项目环境影响评价的地方，可从当地环境保护部门或其他相关机构借阅并利用其环境影响评价文件中有关自然环境概况的资料。但要注意时效性和可比性，并且对其他项目的生产工艺等敏感资料保密。

2．社会环境概况调查

（1）社会环境概况调查的作用

社会环境概况调查的作用主要是通过对项目所在区域的社会经济、文化、人群健康状况等资料的收集和分析，识别项目建设的社会环境限制因素，同时为项目环境影响预测分析工作做好基础资料准备。

（2）社会环境概况调查内容

社会经济：评价所在地的社会经济状况和发展趋势：①人口：包括居民区的分布情况及分布特点，人口数量和人口密度等。②工业与能源：包括建设项目周围地区现有厂矿企业的分布状况，工业结构，工业总产值及能源的供给与消耗方式等。③农业与土地利用：包括可耕地面积，粮食作物与经济作物构成及产量，农业总产值以及土地利用现状，建设项目环境影响评价应附土地利用图。④交通运输：包括建设项目所在地区公路、铁路或水路方面的交通运输概况以及与建设项目之间的关系。

文物与景观：文物指遗存在社会上或埋藏在地下的历史文化遗物，一般包括具有纪念意义和历史价值的建筑物、遗址、纪念物或具有历史、艺术、科学价值的古文化遗址、古墓葬、古建筑、石窟寺、石刻等。景观一般指具有一定价值必须保护的特定的地理区域或现象，如自然保护区、风景游览区、疗养区、温泉以及重要的政治文化设施等。

人群健康状况：当建设项目传输某种污染物，或拟排污染物毒性较大时，应进行特定人群的健康状况调查。

（3）社会环境概况调查方法

社会环境概况调查也主要通过收集资料法来完成，通常的资料收集方法是浏览当地的政府网站，或者利用网络搜索引擎搜索。也可以向当地的环境保护部门或其他相关部门进行收集。

在实际环境影响评价工作中，应注意对收集到的社会环境概况的相关资料进行甄别，注意时效性。社会经济数据一般应是项目所在地的县（区）乃至乡镇的最近三年内的数据。

3．现有污染源概况调查

（1）污染源调查的作用

现有污染源的调查就是要了解、掌握项目所在区域污染源排放的污染物种类、数量、排放方式、途径及污染源的类型、位置及其他相关问题；找出项目所在区域内现有的主要污染源和主要污染物及存在的主要环境问题。为环境现状评价提供依据，也为拟建项目环境影响评价分析提供预测依据。

（2）污染源调查基本内容

现有污染源调查内容应根据拟建项目环境影响评价类型及评价等级来确定，不同的评价目的其调查内容大不相同。针对具体环境影响评价项目，在进行现有污染源调查时，应根据以下原则进行：

①当拟建项目需要编制环境影响报告书且相关环境要素评价等级较高时（一级、二级评价），一般应根据评价等级的要求对评价范围内的现有污染源进行详细调查（具体调查内容在各环境要素环境影响评价技术课程中阐述）。

②当拟建项目相关环境要素评价等级较低（三级评价）或不需要进行该要素环境影响预测时，对现有污染源的相关污染因素的调查则可以大为简化，只需列出评价范围内重点污染源的一般情况（名称、位置、主要污染物种类及其年排放量）。

③当拟建项目只需编制环境影响报告表时，仅需对项目选址周围 100 m 左右范围内当前存在的主要污染源名称、位置及主要污染物种类进行说明即可。

④填写环境影响登记表项目则不需要对现有污染源情况进行调查。

（3）污染源调查方法

污染源的详细调查涉及相关企事业单位的权益和商业秘密，一般难以直接对排污单位进行相关信息收集，必须通过政府合法渠道才能够搜集到相关信息。通常的做法是向排污单位所在的环境保护部门搜集相关环境统计资料。对于一般性的污染源调查，则可通过现场观察了解的方式取得相关资料。

三、环境敏感性调查

1. 环境功能区属性调查

环境功能区属性是每一项环境影响评价必须详细调查清楚的关键内容之一。这关系到项目执行的排污标准级别及环境质量评价执行标准，也关系到项目选址合理合法性能否判断准确。

（1）环境功能区属性调查内容

①水环境功能区

水环境功能区划是由各级地方政府为控制水污染，保护和改善江河湖泊、近岸海域、地下水等水体水质，按照不同功能的水域执行不同的标准值，以利于水资源综合开发、合理利用、积极保护、促进经济和社会发展，依据《中华人民共和国水法》《中华人民共和国水污染防治法》《中华人民共和国海洋环境保护法》及相关法律法规，对本辖区水体的功能进行划定。

在具体调查确定拟建项目所在地区水环境功能区划类型时，应弄清楚项目具体位置与区域水功能区划的界线的准确位置关系，必要时配上有建设项目排污口位置的水环境功能区划图。

地表水及地下水水体的水环境功能区划一般是由地级以上市环境保护部门组织划定，由省级人民政府批准或颁布。省级人民政府未作功能区划的小型河流、河涌、湖泊、水库，县级以上人民政府可补做水环境功能区划或临时批准相关功能区划类型。它们的水环境功能类型原则上最多比已经划定功能类型的汇入水体的功能类别低一级。

近岸海域水体环境功能区划一般由省级环境保护部门会同省级海洋部门组织划定，由省级人民政府颁布实施。

地下水功能区划一般由省级水利部门会同省级国土资源部门组织划定，由省级人民政府批准后颁布实施。

根据《地表水环境质量标准》（GB 3838—2002）的相关内容，依据地表水水域环境功能和保护目标，按功能高低依次划分为五类，具体见表2-1。

表 2-1　地表水水域环境功能区划

地表水质	功能	对建设项目限制条件
Ⅰ类	适用于源头水、国家自然保护区	不允许建设任何水污染项目
Ⅱ类	适用于集中式生活饮用水地表水源地一级保护区、珍稀水生生物栖息地、鱼虾类产卵场、仔稚幼鱼的索饵场等	禁止新建排污口，现有排污口应按水体功能要求，实行污染物总量控制（含Ⅲ类水体中划定的特殊保护区）
Ⅲ类	适用于集中式生活饮用水地表水源地二级保护区、鱼虾类越冬场、洄游通道、水产养殖区等渔业水域及游泳区	执行一级排污标准（划定的特殊保护区除外）
Ⅳ类	适用于一般工业用水区及人体非直接接触的娱乐用水区	尚有环境容量的水域可新设排污口，执行二级排污标准
Ⅴ类	适用于农业用水区及一般景观要求水域	

根据《联合国海洋法公约》，各国政府全权管辖的海域仅限于大陆架 12 海里领海海域，我们称为近岸海域。根据《海水水质标准》（GB 3097—1997）的规定，按照近岸海域的不同使用功能和保护目标把海水水质功能区域分为四类，具体情况见表 2-2。

表 2-2　近岸海域水环境功能区划

海水水质	功能	对建设项目限制条件
第一类	适用于海洋渔业水域，海上自然保护区和珍稀濒危海洋生物保护区	禁止新建排污口，现有排污口应按水体功能要求，实行污染物总量控制
第二类	适用于水产养殖区，海水浴场，人体直接接触海水的海上运动或娱乐区，以及与人类食用直接有关的工业用水区	现有排污口执行一级排污标准
第三类	适用于一般工业用水区，滨海风景旅游区	可进行一般工业建设，执行二级排污标准
第四类	适用于海洋港口水域，海洋开发作业区	可新建各种港口码头及相关仓储设施，执行二级排污标准

根据《地下水环境质量标准》（GB/T 14848—93），依据地下水水质现状、人体健康基准值及地下水质量保护目标，并参照了生活饮用水、工业、农业用水水质最高要求，我国把地下水质量划分为五类，具体情况如下：

Ⅰ类　主要反映地下水化学组分的天然低背景含量。适用于各种用途。

Ⅱ类　主要反映地下水化学组分的天然背景含量。适用于各种用途。

Ⅲ类　以人体健康基准值为依据。主要适用于集中式生活饮用水水源及工农业用水。

Ⅳ类　以农业和工业用水要求为依据。除适用于农业和部分工业用水外，适当处理后可作生活饮用水。

Ⅴ类　不宜饮用，其他用水可根据使用目的选用。

根据水利部颁发的《全国地下水功能区划分技术大纲》，我国地下水环境功能区的划分主要分为浅层地下水功能区和深层地下水功能区（仅在大量使用地下水作为供水水源的地区进行深层地下水功能区划分）两大类。其中，浅层地下水功能区分为分散式开发利用区、生态脆弱区、地质灾害易发区、地下水水源涵养区、不宜开采区、储备区和应急水源区；深层地下水功能区分为集中式供水水源区、分散式开发利用区及地下水水源涵养区。在上述 8 种地下水功能区划类别中相关功能区又分为两级，具体情况见表 2-3。

表 2-3　地下水功能区划分体系

地下水一级功能区		地下水二级功能区		功能与控制要求
名称	代码	名称	代码	
开发区	1	集中式供水水源区	P	供给生活饮用或工业生产用水为主的地下水集中式供水水源地
		分散式开发利用区	Q	以分散的方式供给农村生活、农田灌溉和小型乡镇工业用水的地下水赋存区域
保护区	2	生态脆弱区	R	具有重要生态保护意义且生态系统对地下水变化十分敏感的区域，包括湿地和自然保护区等
		地质灾害易发区	S	地下水水位下降后，容易引起海水入侵、咸水入侵、地面塌陷、地下水污染等灾害的区域
		地下水水源涵养区	T	为了保持重要泉水一定的喷涌流量或涵养水源而限制地下水开采的区域
保留区	3	不宜开采区	U	由于地下水开采条件差或水质无法满足使用要求，现状或规划期内不具备开发利用条件或开发利用条件较差的区域
		储备区	V	有一定的开发利用条件和开发潜力，但在当前和规划期内尚无较大规模开发利用的区域
		应急水源区	W	地下水赋存、开采及水质条件较好，一般情况下禁止开采，仅在突发事件或特殊干旱时期应急供水的区域

②环境空气功能区

环境空气功能区指为保护生态环境和人群健康的基本要求而划分的环境空气质量保护区。一般由地级市以上（含地级市，下同）人民政府的环境保护主管部门划分，并确定环境空气功能区质量达标的期限，报同级人民政府批准，并报上一级政府环境保护主管部门备案后公布实施。根据《环境空气质量标准》（GB 3095—2012），环境空气功能区被划分为两类，具体情况见表 2-4。

表 2-4　环境空气功能区划

空气功能区	功　　能	对建设项目限制条件
一类区	自然保护区、风景名胜区和其他需要特殊保护的地区	禁止新建、扩建污染源；禁止有显著大气污染的项目；管理及旅游服务应使用清洁能源；排放大气污染物执行一级排污标准
二类区	居住区、商业交通居民混合区、文化区、工业区和农村地区	排放大气污染物执行二级排污标准

在调查拟建项目所在位置所属具体环境空气功能区划类型时，除了查看环境空气功能区划图外，还要特别注意区划文件中对具体界线的排除性、涵盖性的文字描述所划定的功能区域。另外，针对编制环境影响报告书项目还要注意对整个大气环境影响评价范围内的环境功能区划调查，不能仅仅限于项目选址位置。

③声环境功能区

A．城市区域声环境功能区划

声环境功能区是城市人民政府根据城市区域的使用功能特点和环境质量要求，结合城市总体发展规划和土地利用规划而划定的各类声环境保护区域。根据《声环境质量标准》（GB 3096—2008），城市声环境功能区可划分为以下五种类型：

0 类声环境功能区：指康复疗养区等特别需要安静的区域。

1 类声环境功能区：指以居民住宅、医疗卫生、文化教育、科研设计、行政办公为主要功能，需要保持安静的区域。

2 类声环境功能区：指以商业金融、集市贸易为主要功能，或者居住、商业、工业混杂，需要维护住宅安静的区域。

3 类声环境功能区：指以工业生产、仓储物流为主要功能，需要防止工业噪声对周围环境产生严重影响的区域。

4 类声环境功能区：指交通干线两侧一定距离内，需要防止交通噪声对周围环境产生严重影响的区域，包括 4 a 类和 4 b 类两种类型。

4a 类为高速公路、一级公路、二级公路、城市快速路、城市主干路、城市次干路、城市轨道交通（地面段）、内河航道两侧区域；4b 类为铁路干线两侧区域。

声环境功能区划由城市人民政府环境保护主管部门组织划定，报上级人民政府环境保护主管部门验收后，报该市人民政府审批并公布实施。

B．乡村区域声环境功能区划确定原则

对于没有明确声环境功能区划的乡村，根据环境管理的需要，县级以上人民政府环境保护主管部门可按以下要求确定乡村区域适用的声环境质量要求：

a）位于乡村的康复疗养区执行 0 类声环境功能区要求；

b）村庄原则上执行 1 类声环境功能区要求，工业活动较多的村庄以及有交通干线经过的村庄（指执行 4 类声环境功能区要求以外的地区）可局部或全部执行 2 类声环境功能区要求；

c）集镇执行 2 类声环境功能区要求；

d）独立于村庄、集镇之外的工业、仓储集中区执行 3 类声环境功能区要求；

e）位于交通干线两侧一定距离（参考 GB/T 15190 第 8.3 条规定）内的噪声敏感建筑物执行 4 类声环境功能区要求。

当建设项目选址位于乡村需要进行环境影响评价时，承担该项目环境影响评价的单位应根据上述原则拟定声环境功能区方案，然后发函给项目所在地县级人民政府环境保护主管部门审核确认。

④生态功能区

2008 年环境保护部和中国科学院联合编制了《全国生态功能区划》。该区划把全国生态功能区划分为三级，其中一级区共有 3 类 31 个区，包括生态调节功能区、产品提供功能区与人居保障功能区；二级区共有 9 类 67 个区，包括水源涵养、土壤保持、防风固沙、生物多样性保护、洪水调蓄等生态调节功能区，农产品与林产品等产品提供功能区，以及大都市群和重点城镇人居保障功能区；三级区共有 216 个。但在环境影响评价工作中，该区划的实际应用意义不大。

在环境影响评价中，生态功能区划类型主要依据《环境影响评价技术导则　生态影响》（HJ 19—2011）对生态敏感性的划分原则来确定。该导则按生态敏感性大小将生态功能区划分为特殊生态敏感区、重要生态敏感区、一般区域三大功能类别。各功能类别所涵盖的具体对象见表 2-5。

另外，有些省（市、区）颁布了自己的生态保护功能区划分方案。例如，《广东省环境保护规划纲要（2005—2020）》，根据生态环境敏感性、生态服务功能重要性和区域社会经济发展差异性等，把全省划分为 6 个生态区、23 个生态亚区和 51 个生态功能区。在此基础上，结合生态保护、资源合理开发利用和社会经济可持续发展的需要，将全省陆域划分为生态环境严格控制区、有限开发区、集约利用区（简称三区），实行生态分级控制管理。具体控制要求见表 2-6。

表 2-5　生态功能类别及其保护对象

生态功能类别	生态敏感保护对象	对建设项目控制要求
特殊生态敏感区	指具有极重要的生态服务功能，生态系统极为脆弱或已有较为严重的生态问题，如遭到占用、损失或破坏后所造成的生态影响后果严重且难以预防、生态功能难以恢复和替代的区域，包括自然保护区、世界文化和自然遗产地等	禁止任何形式的占用、损失和破坏
重要生态敏感区	具有相对重要的生态服务功能或生态系统较为脆弱，如遭到占用、损失或破坏后所造成的生态影响后果较严重，但可以通过一定措施加以预防、恢复和替代的区域，包括风景名胜区、森林公园、地质公园、重要湿地、原始天然林、珍稀濒危野生动植物天然集中分布区、重要水生生物的自然产卵场及索饵场、越冬场和洄游通道、天然渔场等	有充分预防、保护、恢复或替代方案的有限占用
一般区域	除特殊生态敏感区和重要生态敏感区以外的其他区域	有一定保护和恢复措施的合理利用

表 2-6　广东省生态保护"三区控制"方案

控制区类型	控制区内容	控制要求	颜色区分
严格控制区	一是自然保护区、典型原生生态系统、珍稀物种栖息地、集中式饮用水水源地及后备水源地等具有重大生态服务功能价值的区域；二是水土流失极敏感区、重要湿地、生物迁徙洄游通道与产卵索饵繁殖区等生态环境极敏感区域	禁止所有开发建设活动，同时要开展天然林保护和生态公益林建设，有效保护珍稀濒危动植物物种及其生境、原生生态系统	红色
有限开发区	一是重要水土保持区、水源涵养区等重要生态功能控制区；二是城市间森林生态系统保存良好的山地等城市群绿岛生态缓冲区；三是山地丘陵疏林地等生态功能保育区	可适度进行开发利用，但必须保证开发利用不会导致环境质量的下降和生态功能的损害，同时要采取积极措施促进区域生态功能的改善和提高	蓝色
集约利用区	包括农业开发区和城镇开发区两类区域	加强生态农业建设和基本农田保护，降低化肥和农药施用强度，控制面源污染；强化规划指导，控制对生态用地的占用，加强城市绿地系统建设	绿色

在调查确定项目所在地的生态环境保护功能区类型时，主要是要确定项目是在三类生态敏感区的具体哪个类型区域或地方规划的具体保护区域及其类型。

⑤其他特殊环境控制区

除了上述四大类环境功能区类型外，还要调查项目所在位置是否属于其他特殊环境控制区范围，主要有三种类型：一是特殊生态保护区，如自然保护区、水土流失重点治理区、基本农田保护区、饮用水源保护区、风景名胜保护区、文物古迹保护区；二是特殊污染控制区，如二氧化硫及酸雨控制区（简称"两控区"）、烟尘控制区、水库库区、管道天然气供应区（不得采用其他化石燃料做能源）、禁止锤击打桩施工区、禁止现场搅拌混凝土区等。三是特殊行业控制区，如《广州市环境保护条例》第 24 条规定在广州市环城高速以内区域禁止建设工业企业，《珠海市环境保护条例》规定在珠海市管辖区域的山地 25 m 等高线以上区域禁止建设除公共基础设施（电力塔、通信塔架等）之外的其他建筑物等。

对于上述特殊控制区，一般在列表内容的对应栏用"是"与"否"回答，必要时给出具体位置或名称、类型说明。具体选择列出哪些敏感区内容要与项目地理位置相关。

例：在我国东南沿海区域就没必要列出禁牧限牧草原区、沙化区等西北地区的环境敏感类型，在平原地区不需要列出水土流失重点治理区，在城市区域没必要列出基本农田保护区等。

（2）环境功能区属性调查方法

项目所在地各环境要素的环境功能区划资料主要是通过当地政府或环境保护部门公开出版的相关环境保护规划和环境管理书籍资料进行收集，也可以通过搜索浏览当地政府或环境保护部门网站下载相关环境功能区划文件。

调查结果除了要用文字说明外，一般还要用环境功能属性表汇总表达。表 2-7 是某建设项目环境功能区属性调查结果样表。

表 2-7 某建设项目环境功能区属性（样表）

编号	功能区划名称		建设项目所属类别
1	水环境功能区		××干流河段III类、××支流河段IV类
2	环境空气功能区		二级区
3	声环境功能区		××边界外 4a 类区，其余属于 2 类区
4	生态功能区		一般区域，集约利用区（广东）
5	其他特殊控制区	文物保护区	否
		风景名胜区	否
		自然保护区	否
		饮用水水源保护区	否
		水库库区	否
		城市污水处理厂集水范围	是（××城市污水处理厂）
		管道煤气供应区	是
		施工地点是否可现场搅拌混凝土	否

2．项目边界四周环境现状调查

项目边界四周环境现状调查主要是针对项目可能产生的噪声、无组织排放废气等近距离污染因素而进行的环境敏感性调查，一般简称项目四至情况调查。

项目四至情况调查内容就是项目四周的所有标志物，包括道路（注明道路名称）、建筑物（要注明建筑物功能）、农田（要注明农作物类型）、林地（要注明林地类型）和未利用空地（要注明其土地利用规划用途）。

编制环境影响报告书项目的四至情况调查，一般要调查项目边界外 400～600 m范围内的所有目标，大概就是大气卫生防护距离的范围，个别行业（如石化工业）的项目要扩大到 1 000 m。

编制环境影响报告表或填写环境影响登记表项目的四至情况调查，一般只需要调查项目边界外 50～100 m 范围内的目标，需要增加噪声、风险等评价专题的环境影响报告表项目则应扩大至边界外 300～500 m。

项目四周情况调查结果除了要用文字说明外，还要用项目四至图表示。简易的项目四至示意图上要注明项目边界到各标志物的距离，并配上方位标志（见图 2-2的样图），适用于编报告表及填登记表的项目；规范完整的项目四至图则应有线段比例尺、图例或标志物说明和风向玫瑰方位标志（见图 2-3 的样图），适用于编报告书的项目。

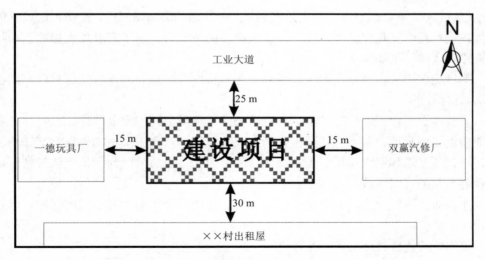

图 2-2 某建设项目简易的项目四至示意图（样图）

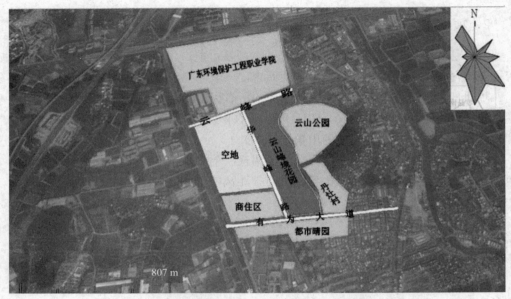

图 2-3　某建设项目规范完整的项目四至图（样图）

3．环境敏感目标状况调查

（1）环境敏感目标的定义与分类

《建设项目环境影响评价分类管理名录》中所指的环境敏感区，是指依法设立的各级各类自然、文化保护地，以及对建设项目的某类污染因子或者生态影响因子特别敏感的区域，主要包括：

①自然保护区、风景名胜区、世界文化和自然遗产地、海洋特别保护区、饮用水水源保护区；

②基本农田保护区、基本草原、森林公园、地质公园、重要湿地、天然林、野生动物重要栖息地、重点保护野生植物生长繁殖地、重要水生生物的自然产卵场、索饵场、越冬场和洄游通道、天然渔场、水土流失重点防治区、沙化土地封禁保护区、封闭及半封闭海域；

③以居住、医疗卫生、文化教育、科研、行政办公等为主要功能的区域，以及文物保护单位。

（2）环境敏感目标基本情况调查

环境敏感目标调查内容是：目标名称、敏感性质类型、规模、与建设项目位置的相对方位和距离、保护内容和级别。调查结果一般用列表形式表达，对于敏感目标较少的项目也可以用枚举法表达上述内容。

编制环境影响报告书项目一般要调查各环境要素的评价范围内的所有环境敏感

目标，处于评价范围边界线外附近的敏感目标也要纳入调查范围。

编制环境影响报告表及填写环境影响登记表项目调查范围较小。一般没有排气筒的项目只需调查项目边界外 200 m 左右范围内的环境敏感目标。有排气筒的项目需要调查 500 m 范围内的环境敏感目标。但报告表增加的评价专题除外，增加的评价专题部分应参照报告书项目的要求进行。

表 2-8 是某建设项目环境敏感目标调查结果样表。

表 2-8　某建设项目环境保护敏感目标情况一览（样表）

敏感目标名称	所处方位	与项目边界最近距离/m	对项目敏感环境因素及保护级别	环境敏感区类型
新安村	NE	1 000	空气二级	居住区
禾谷坑	S	182	空气二级，噪声 1 类	
永丰村	SW	1 700	空气二级	
南楼	NE	1 680	空气二级	

编制环境影响报告书的项目一般还需要绘制各环境要素评价范围内所有环境敏感目标的分布图。环境敏感目标分布图上需要绘制建设项目位置、敏感目标位置及编号或名称标注、比例尺、风向玫瑰方位标志及图例说明等图形要素。环境敏感目标也可以在环境监测布点图等图上进行环境敏感目标位置标注。图 2-4 所示为标注在监测布点图上的环境敏感目标。

在实际环境影响评价工作中，环境敏感目标状况调查基本上以到现场实地勘察为主，资料收集法为辅。首先可以利用电子地图、卫星地图或精密地形图等工具，根据上述环境敏感区类型划分内容，了解项目周围评价范围内分布的环境敏感目标情况，确定要到现场调查核实的内容。然后到现场进行访问核实，补充现场勘查新发现的敏感目标，并用 GPS 卫星定位仪、激光测距仪等工具对敏感目标进行定位和测距。

对于不能在现场核实清楚的环境敏感目标的具体规模与范围等情况，可通过向当地环境保护部门、统计部门或相关行业行政主管部门、乡镇人民政府等单位搜集相关统计数据资料与批文资料进行补充。

例：关于饮用水水源保护区的具体范围界线等资料可向当地环境保护部门搜集，城镇村居住人口数据可向当地乡镇人民政府或县级统计部门搜集；自然保护区、风景名胜区等的具体保护区域范围界线可向林业行政主管部门收集。

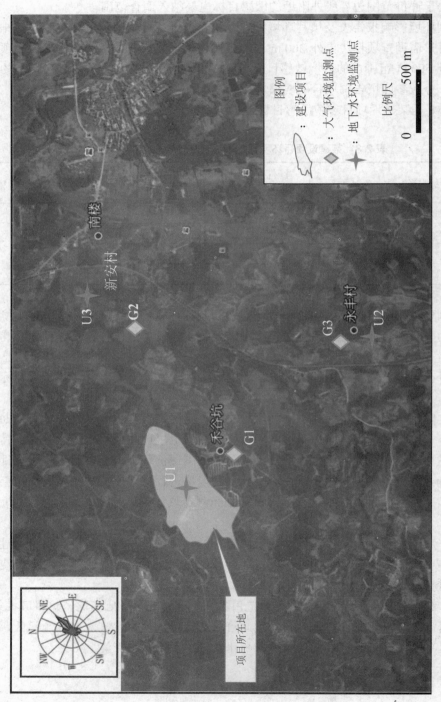

图 2-4 某建设项目环境监测布点图上环境敏感目标分布（样图）

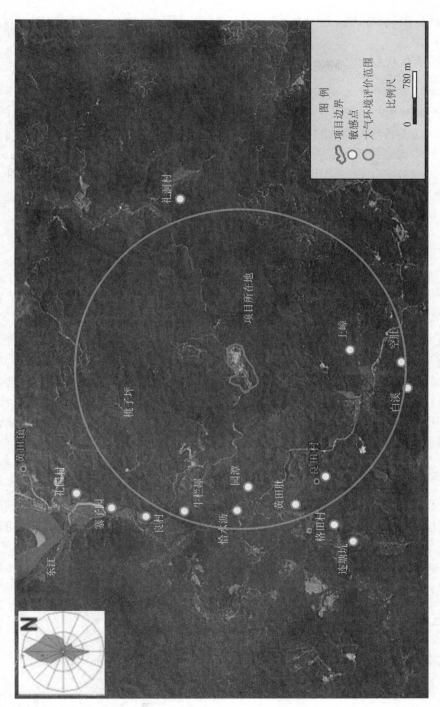

图 2-5 某开采项目环境敏感目标分布图（样图）

四、环境质量现状调查与评价

1．环境质量现状调查内容

环境质量现状调查一般需调查项目所在地大气、地面水、地下水、近岸海水、噪声、土壤、电磁辐射与放射及生态等环境要素的质量现状。调查的内容主要依据项目性质、项目周边的各环境要素的功能区划、环境敏感点位置、评价工作等级来确定。如在调查过程中需进行环境质量现状监测时，需制定现状监测方案给委托单位监测实施。一般而言，每种环境要素的现状监测方案的内容要包括监测点的位置、监测项目、监测时间和频率、取样方法、样品分析方法。并要绘制环境现状监测布点图。各环境要素不同评价等级的监测内容要求在相应环境要素环境影响评价课程中阐述。

2．环境质量现状调查方法

环境质量现状调查的方法主要有三种，即：收集资料法、现场调查与监测法、航空或卫星遥感测量法。

编制环境影响报告表的项目，环境质量现状主要通过向当地环境监测部门搜集相关历史监测数据资料，资料不足的则需要安排现场监测。

编制环境影响报告书的项目，环境质量现状一般都要安排现场调查与监测（个别评价等级低的项目可利用部分历史监测资料），其中环境空气、地表水、地下水、近岸海水、噪声、土壤、电磁辐射与放射等要素环境质量一般委托有相应资质的环境监测机构进行；生态环境质量现状则应由有相应专业能力的专家或专业机构协助进行现场调查、航空或卫星遥感测量。

3．环境质量现状评价方法

根据收集的环境质量现状历史资料或现场监测数据，以及各环境要素的环境质量标准，一般采用一定的评价模型及方法对这些数据进行统计分析和评价。具体的环境质量现状评价模型及方法在相应环境要素环境影响评价技术课程中阐述。环境质量现状评价结论需明确各环境要素的监测或调查数据是否满足其环境功能区划的目标要求。

五、区域与行业规划情况调查

1．区域发展总体规划

区域发展总体规划是在一定年限内对城市市区、郊区及与城市发展有关的地区各项发展建设的综合部署。区域发展规划的对象主要是城市市区、郊区、镇区等行政区域，区域发展规划分为总体规划和详细规划两个阶段。大中城市根据需要，可以依法在总体规划的基础上组织编制分区规划。

在实际的环境影响评价工作中，主要是调查分析项目所在地的区域发展总体规划的目标、定位、性质、规模、空间布局规划、空间扩展模式规划及其他与项目相关的规划内容与本项目的相符性，通过调查分析，用科学精辟的语言描述本项目的建设是否和区域发展总体规划的相关内容及要求相符。编制环境影响报告书的项目都需要进行上述分析论证，编制环境影响报告表的项目一般进行有针对性的是与否的判断即可。

2．区域产业布局规划

区域产业布局规划是指产业在一国或一地区范围内的空间分布和组合的经济现象。区域产业布局规划主要分为第一产业（农业）布局规划、第二产业（工业）布局规划、第三产业（服务业）布局规划。

在实际的环境影响评价工作中，要根据项目的原辅材料、工艺过程及产品类型，识别本项目的行业分类，结合本项目的选址，分析论证本项目的建设是否符合区域产业布局规划。编制环境影响报告书的项目一般都要进行上述分析论证，个别"三高"行业（高能耗、高耗水、高污染）中编制环境影响报告表的项目也需要进行相关分析论证。

3．区域土地利用规划

土地利用规划也称土地规划，是指在土地利用的过程中，为达到一定的目标，对各类用地的结构和布局进行调整或配置的长期计划。土地利用规划的主要成果包括土地利用规划方案和方案说明、土地利用现状图、土地利用规划图。

在实际的环境影响评价工作中，要根据本项目的性质，对照当地的土地利用规划的图件及文本说明，分析论述本项目的选址用地是否符合当地的土地利用规划。同时要在环境影响评价文件中附上项目所在地的土地利用现状图及土地利用规划图，并在图上标明本项目的选址位置。一般是编制环境影响报告书的项目才需要进行该项论证。

4．区域生态环境规划

生态环境规划是运用整体优化的系统论观点，对规划区域城乡生态系统的人工生态因子和自然生态因子的动态变化过程和相互作用特征进行调查，研究物质循环和能量流动的途径，进而提出资源合理开发利用、环境保护和生态建设的规划对策。

在实际的环境影响评价工作中，要根据国家的相关法律法规和政策，结合项目建设的生态影响及项目建设区的社会、经济发展水平和生态环境现状，分析论证本项目的建设是否符合区域生态环境规划的相关要求。一般是编制环境影响报告书的项目才需要进行该项论证。

5．项目所属行业发展专项规划

行业发展专项规划是国家或地方行政主管部门颁布的某个行业一定年限内的发展规划，主要内容包括行业发展的指导思想和基本原则，行业发展的基本现状、优势条件和趋势展望，行业发展的总体目标和具体目标，行业发展的区域布局，行业发展重点和发展方向，行业发展的保障措施等内容。

在实际的环境影响评价工作中，要根据本项目的行业特点，论述本项目选址、规模、生产工艺等是否符合国家及当地的行政主管部门颁布的行业发展专项规划。一般是编制环境影响报告书的项目才需要进行该项论证。

在实际环境影响评价工作中，上述这些规划文件资料的取得只能通过政府官方渠道获得才能够确保其权威性和完整性。其中有的是可以从政府部门的官方网站公布的文件资料中下载的，有的只能直接到政府相关部门进行查阅和复印。

六、环境现状调查辅助工具的应用

1．环境影响评价制图基本类型

（1）环境影响报告表需要绘制的图件类型

环境影响报告表中一般包括项目地理位置图、项目四至图、项目平面布局图、项目生产工艺流程及产污环节图等基本图件。对于需要增加编制某评价专题的环境影响报告表，则该专题报告应至少补充评价范围图、监测布点图、环境敏感目标分布图（三种图的内容可以合并表达在一张图上）。相应图件制作的基本要求见本模块、模块三及模块四的相应单元的说明及样例展示。

（2）环境影响报告书需要绘制的图件类型

环境影响报告书中除了包括上述报告表要求的四项基本图件外，一般还需要各环境要素的环境影响评价范围图、环境监测布点图、环境敏感目标分布图、环境功能区划图（四种图的相关内容也可以合并表达在一张图上），项目水平衡图，项目物料平衡图，项目污染治理与排放流程图，卫生防护距离图，环境影响预测结果分布图，生态调查结果分布图，土地利用类型现状及规划分布图等类型的图件。

项目水平衡图、物料平衡图、污染治理与排放流程图制作的基本要求见模块三的相应单元及其样例展示。环境影响预测结果分布图的制作要求则在各环境要素环境影响评价课程中进行说明及样例展示。

2．地图工具

在制作上述环境影响评价图件时，项目地理位置图、项目四至图、评价范围图、监测布点图、环境敏感目标分布图、环境功能区划图、环境影响预测结果分布图等都需要电子版地图作为底图才能够有效进行。目前获取地图底图的途径主要有四个：通过互联网搜集利用电子地图，通过互联网搜集利用卫星照片地图，从市场购买普通交通旅游地图，向国土测绘部门购买或由建设单位提供纸质版或电子版的精密地形图。

（1）电子地图的应用

通过互联网搜索安装的电子地图软件一般可以用于低级别项目（编制环境影响报告表项目或地市级以下审批的编制环境影响报告书项目，下同）的环境影响评价制图用的电子版底图。使用时先根据建设单位提供的项目地址在电子地图上找到项目位置；然后调整可视图幅范围使项目位置尽量位于图的中央、图的边缘适当大于制图目的所需范围；再利用电子地图拷贝输出工具截取可视图幅范围的地图作为底图（图形文件格式一般以转换为通用的 JPG 格式为宜，下同）。

使用电子地图软件还可以利用其测距工具测量项目位置与各标志物的距离。常用的电子地图软件有百度地图、相约久久、灵图 UU 等。这些都可以免费下载安装，但一般都需要连接互联网才能正常使用。

（2）卫星照片地图的应用

通过互联网搜索安装的卫星照片地图软件（Google earth）一般也可以用于低级别项目的环境影响评价制图用的电子版底图。其特点是地理信息标志物比较直观真实，位置准确。使用时先根据建设单位提供的项目地址在打开的 Google earth 地图上找到项目位置，然后调整可视图幅范围使项目位置尽量位于图的中央、图的边缘适当大于制图目的所需范围；再利用 Google earth 的地图拷贝输出工具截取可视图幅范围的地图作为底图。

同时，Google earth 地图软件还可以通过移动鼠标显示项目位置、环境敏感目标、监测点位等的经纬度坐标数值；Google earth 附带的测距工具还可以用来量取项目位置与各标志物的距离及方位角度。

Google earth 公众免费版可以通过网络搜索下载安装。使用时要注意，不同区域提供的卫星照片分辨率不同，分辨率低的区域不适宜截取作为绘图的底图。分辨率高的区域其卫星照片更新时间与当前现状有滞后时间，因此要结合现场调查结果核实卫星照片上显示的相关内容。

（3）交通旅游地图的应用

通过市场购买的项目所在地区的纸质版交通旅游地图，经过扫描仪扫描后也可以作为低级别项目环境影响评价制图用的电子版底图。在扫描用数字表达比例尺的纸质版地图时，应放一把小米尺在边缘作为确定比例尺大小的参照物一起扫描进去。当用绘图软件按照米尺参照物结合原地图的数字比例尺制作好线段比例尺并与扫描底图锁定在一起后，就可以用绘图软件工具裁减掉边缘的米尺部分作为制图的基本底图。

（4）精密地形图的应用

向国土测绘部门购买或由建设单位提供的纸质版或电子版的精密地形图，可应用于高级别项目（省级以上审批的编制环境影响报告书的项目）的环境影响评价制图用的底图。常用万分之一和五万分之一两种大比例尺的精密地形图。比例尺为万分之一的地形图可用于精确绘制项目平面布局图、项目四至图、大气防护距离与卫生防护距离预测结果图、噪声预测结果分布图等图件的底图。比例尺为五万分之一的地形图则可用于精确绘制评价范围图、环境敏感目标分布图、监测布点图、环境功能区划图、大气环境影响预测结果分布图等图件的底图。

使用精密地形图时要注意，从测绘部门购买的较早时期的纸质版地形图要结合现场调查确认地形图上显示的地理标志信息的现状是否发生改变。如发生改变的要根据实际情况利用绘图软件在扫描的地形图底图上修改和补充相关地理信息后才能够作为环境影响评价制图的底图。

3．计算机绘图软件

根据环境影响评价制图类型，可分别用文字处理软件（Word、WPS）附带的绘图工具，Coreldraw、Photoshop、AutoCAD 等专业绘图软件对相关图件进行制作。另外，有关环境影响预测软件也带有一定的绘图功能。

（1）文字处理软件的绘图工具应用

Word 和 WPS 文字处理文件都附带有绘图工具，可以用来绘制项目地理位置图、项目四至示意图、项目平面布局示意图、工艺流程图、水平衡图、物料平衡图等环境影响评价图件。低级别项目环境影响评价图件制作几乎都可以用字处理软件的绘图工具完成。

（2）Coreldraw 绘图软件的应用

Coreldraw 绘图软件是一款功能强大、易学易懂、使用灵活方便的绘图软件。其特点是绘制和调整图形对象非常简单方便，可以用来制作任何类型的精确美观的环境影响评价图形符号和标注文字。缺陷是对位图底图的修复处理操作比较烦琐复杂。

（3）Photoshop 绘图软件的应用

Photoshop 绘图软件也是一款功能强大、在艺术设计领域应用广泛的绘图软件。其特点是对位图的修复处理能力异常突出，常用于修复和修改照片，制作各种特效效果图片等；缺点是绘制图形对象操作比较复杂烦琐，且不易调整改变。因此，可以作为 Coreldraw 绘图软件在环境影响评价制图中的辅助软件，弥补其在位图修复处理应用上的缺陷。

（4）AutoCAD 制图软件的应用

AutoCAD 制图软件是一款在工程与工艺设计领域应用广泛、功能强大的计算机制图软件。其特点是绘制的图形精确美观，可以制作出三维立体效果的各种设计方案。许多建设项目的平面或立体布局设计初步方案都是用 AutoCAD 软件制作的电子版图件，因此环境影响评价技术人员掌握 AutoCAD 的基本应用有助于在建设单位提供的相关图件资料上补充或调整相关内容（如增加污染物排放口位置、根据卫生防护要求调整生产单元布局等）。

4. 卫星定位仪及激光测距仪

卫星定位仪可以用来实地定位测量地理标志物的经纬度坐标、海拔高度及相互之间的距离与方位角度。因此，卫星定位仪可以用来进行项目四至情况调查、环境敏感目标调查过程中有关方位、距离及相对高度的测量。市场上销售的民用卫星定位仪有彩色地图和黑白地图两种，都可以满足方位、距离及相对高度测量的需要，使用广泛。高档次型号的卫星定位仪还具有测量指定范围面积的功能，因此可以用于生态环境现状调查中测量有关生态系统群落类型的分布面积。

激光测距仪是利用激光照射与反射原理制作的距离测量工具。民用激光测距仪在较短距离内（<1 000 m）的测量精度较高，可以精确到米。因此，常用于项目四至、卫生防护距离范围内敏感建筑物的距离及高度测量。

5. 摄像与照相设备

在环境影响评价工作中常常需要对现场情况进行拍照甚至录像，如公众参与现场公示、项目四周环境状况调查、类比项目实际运行情况调查等。因此，数码照相机和摄像机也是环境现状调查需要用到的工具。

【思考与练习】

1. 环境影响评价中项目环境现状调查有哪些类型？项目所处环境敏感性调查有哪些类型？

2. 项目所在地区环境功能属性有哪些？调查成果如何表达？

3. 项目四至情况的调查范围如何确定？调查成果如何表达？

4. 项目环境敏感目标的调查范围如何确定？应调查环境敏感目标哪些内容？调查成果如何表达？

5. 环境现状调查常用哪些地图工具？如何使之变为绘制调查结果图的基础底图？

6. 请通过网络打开电子地图、卫星照片地图，查找到你所就读中学（高中或初中）的学校位置，并分别把该中学周围 5 000 m、周围 500 m 和周围 50 m 范围的地图截取下来保存为 JPG 格式的图件，并以你的名字和该中学名称命名图件。

实训二　应用卫星地图进行环境现状调查

实训目的：

学会在卫星地图上找到项目位置，学会在卫星地图上查看项目四周的地理标志物情况，学会用卫星地图软件的测距工具测量各地理标志物之间的距离和方位，学会在卫星地图上查看和记录地理标志物的经纬度坐标和海拔高度，学会从卫星地图上截取所需范围的地图作为环境现状调查用的基础底图。

实训学时安排： 2 学时。

实训场地要求： 电脑机房或个人手提电脑。

实训工具材料：

1. 多个项目的地址信息资料或指定的项目名称信息（电子版）；
2. 安装有卫星地图软件的可上网的电脑；
3. 实训记录表格（电子版）。

实训方法： 由学生根据教师给定的项目地址信息资料，由每位学生通过电脑独立完成。

实训步骤：

第一步：教师在电脑上进行卫星地图软件应用示范演示（查找和标注项目位置、测量地理标志物之间的距离方位、查看和记录地理标志物的经纬度坐标和海拔高度，截取所需范围的卫星地图作为绘图用的底图）。

第二步：根据项目地址信息资料，从卫星地图上找到项目所在位置，并进行标注。

1. 根据项目地址信息先在打开的卫星地图上找到项目位置并进行标注；
2. 查看和分辨识别周围各种地理标志物的类型；
3. 查看和记录项目位置及周围各地理标志物的经纬度坐标和海拔高度。

第三步：测量项目位置与周围显著地理标志物之间的距离及其方位。

1. 选择项目四周有代表性四个典型的地理标志物作为测量距离和方位的对象；
2. 运用测距工具测量项目位置与四个地理标志物之间的距离和方位角度。

第四步：截取规定范围的卫星地图作为绘图用的底图。

1. 截取项目边界四周 3 000 m 范围的卫星地图作为地理位置图、评价范围图、监测布点图等绘图的基础底图。
2. 截取项目边界四周 500 m 范围的卫星地图作为大型项目四至图、卫生防护距离范围图等绘图的基础底图。
3. 截取项目四周 100 m 范围的卫星地图作为小型项目四至图绘图的基础底图。

4. 用绘图工具在截取的卫星地图上制作符合实际的线段比例尺。

5. 用制图软件对截取的地图保存为 JPG 格式的文件，并命名为"××项目××m 范围卫星地图"。

实训记录：（本项目实训结果以电子版结果提交给教师）

应用卫星地图进行环境现状调查实训记录表

实训人员：班级：_____ 姓名：_____ 学号：_____

实训地点：_____ 实训日期：_____年___月___日

实训结果：

一、项目地理位置及其四周信息

	项目名称					
项目位置信息	地理位置名称					
	经纬度坐标	N:			E:	
	海拔高度	m				
	代表方位	名称或类型	与项目距离/m	与项目方位/（°）	经纬度坐标	海拔/m
项目四周地理标志物信息	北部代表				N:	
					E:	
	东部代表				N:	
					E:	
	南部代表				N:	
					E:	
	西部代表				N:	
					E:	

二、项目边界外 3 000 m 范围卫星地图

三、项目边界外 500 m 范围卫星地图

四、项目边界外 100 m 范围卫星地图

实训三 应用电子地图进行环境现状调查

实训目的：

学会在电子地图上找到项目位置，学会在电子地图上查看项目四周的地理标志物情况，学会用电子地图软件的测距工具测量各地理标志物之间的距离，学会从电子地图上截取所需范围的地图作为环境现状调查用的底图，学会制作符合实际的图上比例尺。

实训学时安排： 2 学时。

实训场地要求： 电脑机房或个人手提电脑。

实训工具材料：

1．多个项目的地址信息资料或指定的项目名称信息（电子版）；

2．安装有电子地图软件的可上网的电脑；

3．实训记录表（电子版）。

实训方法： 由学生根据教师给定的项目地址信息资料，由每位学生通过电脑独立完成。

实训步骤：

第一步：教师进行电子地图软件应用示范演示（查找和标注项目位置、测量地理标志物之间的距离、截取所需范围的电子地图作为绘图用的底图），并在图上制作比例尺。

第二步：根据项目地址信息资料，从电子地图上找到项目所在位置，并进行标注。

1．根据项目地址信息先在打开的电子地图上找到项目位置并进行标注；

2．查看项目周围各种地理标志物的名称和类型。

第三步：测量项目位置到周围显著地理标志物之间的距离。

1．选择项目四周有代表性的四个典型的地理标志物作为测量距离和方位的对象；

2．运用测距工具测量项目位置与四个地理标志物之间的距离。

第四步：截取规定范围的电子地图作为绘图用的底图。

1．截取项目边界四周 10 000 m 范围的电子地图作为绘制水环境功能区划图的基础底图。

2．截取项目边界四周 500 m 范围的电子地图作为地理位置图、评价范围图、监测布点图等绘图的基础底图。

3．在截取地图上制作符合实例的线段比例尺。

4. 分别对截取的地图底图用制图软件保存为 JPG 格式的文件, 并命名为"××项目××m 范围电子地图"。

实训记录: (本项目实训结果以电子版结果提交给教师)

应用电子地图进行环境现状调查实训记录表

实训人员: 班级: _____ 姓名: _____ 学号: _____

实训地点: _____ 实训日期: _____年___月___日

实训结果:

一、项目位置及四周信息

项目位置信息	项目名称:			
	地理位置: 省 　市 　县 (区) 　镇 (街道) 　村 (路牌号)			
项目四周地理标志物信息	代表方位	名称	类型	与项目距离/m
	北部代表			
	东部代表			
	南部代表			
	西部代表			

二、项目边界外 10 000 m 范围卫星地图

三、项目边界外 500 m 范围卫星地图

实训四　调查建设项目位置四至环境状况

实训目的：

　　学会调查项目四至情况及成果表达，学会现场调查工具的使用。

实训学时安排： 4学时（现场调查2学时，机房制作2学时）。

实训场地要求： 项目现场、电脑机房和个人手提电脑。

实训工具材料：

　　1. 实际建设项目的地址信息资料和红线图（电子版）；

　　2. 安装有电子地图和卫星地图软件的可上网的电脑；

　　3. 实训记录纸（A4幅面纸质版）。

实训方法： 由学生根据教师给定的项目地址信息和红线图资料，分组完成，4~5人为一实训小组。

实训步骤：

　　第一步：根据项目地址信息资料，在电子地图和卫星地图上找到项目所在位置，并进行截图和标注。

　　1. 根据项目地址信息先在电子地图上找到项目位置并进行标注，然后在卫星地图上找到项目位置并进行标注；

　　2. 根据项目红线图信息，截取项目边界外500 m、50 m两种范围的电子地图、卫星地图作为基础地图。

　　第二步：到项目现场进行实地调查核实。

　　按照地址信息和项目位置附近的卫星地图显示的信息，各组同学分工负责到项目位置四周进行实地调查核实，在实训记录纸上记录项目边界外一定范围内（50 m和500 m两种）的各种地理标志物的信息（建筑物名称及功能、道路名称、地形地貌名称、空置土地类型及用途等），并测量敏感目标与项目边界的最短距离。

　　第三步：用文字表达项目四至情况，并绘制项目四至图。

　　在现场实地调查核实基础上，回到室内对现场调查结果用文字描述清楚，并绘制出项目四至图。

　　文字描述项目边界外四周位置情况时，一般按照东、南、西、北四个方位的顺序进行。

　　绘制项目四至图时，先在截取的基础底图上根据给定的项目红线图信息画出项目边界线。然后根据现场记录的四周地理标志物信息，在边界外相应位置标注相关地理标志物。最后在图上要配上方位标志和比例尺标志，方位标志必须与图上反映的实际方位一致，比例尺也必须和图上显示的比例一致（要用线段式比例尺）。

实训记录：（本项目实训结果以纸质版和电子版结果提交给教师）

调查建设项目位置四至环境状况实训记录表

实训人员：班级：_____姓名：_____学号：_____

实训地点：_____实训日期：_____年___月___日

实训结果：

一、现场调查记录结果（纸质版）：

```
  N                          北部
  ↑

西部                  ┌──────────┐                    东部
                      │ 项目边界 │
                      │   红线   │
                      └──────────┘




                            南部
```

二、项目四至图（电子版）

模块三　项目工程分析

工作情景：

　　你参加了你单位承接的某个建设项目的环评课题组，课题组负责人安排你负责项目工程分析，要求你尽快完成以便为其他专题编写人员提供依据，你打算如何做？

涉及问题：

　　1. 进行项目工程分析需要建设项目的哪些基本资料？

　　2. 建设单位能够提供的相关资料都有了，从何处着手进行项目工程分析，具体要做些什么？

　　3. 项目都还未建设，如何能够分析算出项目可能产生与排放的各种污染物的量？

　　4. 项目的各项污染物的产生与排放情况该算的都算好了，用什么方式表达出来？

　　5. 除了分析出项目的产污与排污源强大小外，还有什么需要分析？

学习导引：

　　了解项目工程分析的工作程序和工作内容；理解并掌握工程分析应遵循的原则；掌握工程污染源分析的常用方法；了解获得用于估算污染源强的各种产排污系数或参数资料的途径，并学会合理运用它们。学会对不同建设性质项目的污染源强估算结果进行规范汇总表达。了解分析项目生态影响因子、布局合理性及环境保护措施的内容和要求。

一、工程分析的主要内容

1. 工程分析的概念与作用

　　环境影响评价中的工程分析是指从项目的建设性质、产品结构或运行方案、生产或运行规模、原辅材料、工艺路线或施工方案、设备选型、能源结构、技术经济指标、选址或选线方案、总图布置方案等基础资料入手，确定工程建设和运行，乃至退役过程中的产污环节、污染源强、排放总量、生态影响因子及其规模等内容的过程，最终为环境影响预测和评估提供基础数据，为项目环境管理和环境保护设计提供依据。

由此看来，工程分析是项目环境影响评价最为关键与核心的工作内容，也是最为复杂和难度较高的工作内容。其工作质量好坏直接关系到编制的环境影响评价文件质量的好坏，甚至关系到整个项目环境影响评价工作的成败，必须高度重视。

2．工程分析的步骤与工作内容

建设项目工程分析内容可按照污染影响型和生态影响型来划分。它们各自有不同的工作内容侧重点和工作目标。

污染影响型（可简称污染型）项目是指项目主要产生废水、废气、噪声、固废、电磁辐射与放射等污染因素的项目。

例：餐饮项目产生废水、噪声和废气，医疗诊所产生危险废物和废水，移动通信发射基站产生电磁辐射，核电站主要产生放射性污染等。

对于污染型项目，工程分析主要目标是要弄清楚项目产生污染的来源及其源强大小，以及相应的污染治理的工艺及其效果。

生态影响型（可简称生态型）项目是指项目在施工和运行过程中存在大量占用土地资源、破坏植被造成水土流失、干扰动植物生息繁衍、改变原有生态系统运行规律等因素的项目。

例：水电站项目改变水生生态系统运行规律、施工过程造成植被破坏和水土流失；别墅类房地产项目大量占用土地资源、施工过程造成植被破坏和水土流失；高速公路或铁路占用大量土地资源、穿过自然保护区附近的还干扰保护区的动植物生长休息及繁衍等。

对于生态型项目，工程分析的主要目标是弄清楚项目生态影响类型及其规模，以及相应生态保护措施方案及其效果。

当某一项目兼具两种影响类型时（例如，穿过人口密集区、水源保护区、自然保护区的高速公路建设项目），工程分析就要分别达到上述这两种目标。

为了能够区分是污染型还是生态型（或者是两者兼具型）项目，这就要求先把项目的内容及其建设与运行方案弄清楚。因此，对项目概况进行系统的介绍和分析评价就成为工程分析时首先要进行的工作。

综合来看，工程分析的工作内容应根据建设项目的工程特征（包括建设项目的影响类型、建设性质、规模、开发建设方式与强度、能源与资源用量、污染物排放特征、生态破坏特征、污染治理及生态保护或修复方案），结合项目选址或选线的环境条件来确定。其工作内容通常包括五部分也就是有五个步骤。不同影响类型的项目可根据项目具体情况从表3-1列出的相关工作内容中进行取舍。

表 3-1　工程分析基本步骤和工作内容

工程分析步骤	工程分析的工作内容	工程分析步骤	工程分析的工作内容
1. 项目概况分析	项目基本信息情况介绍 项目组成与布局情况介绍 项目生产工艺流程介绍与说明 项目原辅材料情况介绍 项目使用主要设备情况介绍 项目能源与资源消耗情况介绍 项目主要施工内容与方法介绍 项目建设内容合法性分析	3. 生态影响因素分析	生态影响因子分析 生态影响对象分析
		4. 项目布局合理性分析	与外环境关系合理性分析 与内环境关系合理性分析
2. 产污环节与污染源强分析	工艺流程中产污环节分析 水污染物源强分析估算 大气污染物源强分析估算 噪声源强估算 固体废物源强估算 辐射源强估算 污染源强分析结果汇总	5. 拟采取环保措施简介	废水、废气、噪声治理措施 固体废物处理与处置方式及去向 辐射防护措施 生态保护与修复措施

二、工程分析的原则与方法

1. 工程分析应遵循的基本原则

（1）体现政策性

随着环境影响评价的不断发展，在实际评价工作中，越来越强调项目建设的合法性。因此，在工程分析中应严格贯彻执行我国环境保护法律、法规和方针、政策。如产业政策、能源政策、土地利用政策、环境技术政策、节约用水要求以及清洁生产、污染物排放总量控制、污染物达标排放、"以新带老"原则等。并以此为依据去剖析建设项目对环境产生影响的因素，针对建设项目在各方面存在的问题，为项目决策提出符合环境政策法规的建议。

编制环境影响报告书的项目，在介绍清楚项目建设内容及建设方案后，应有专门章节对项目建设内容的合理合法性进行论证分析。编制环境影响报告表项目也应在介绍清楚项目建设内容与建设方案后，明确判断项目内容及方案是否符合国家及地方的法律法规和产业政策的规定。

（2）具有针对性

建设项目涉及的行业多种多样，也就是说工程特征具有多样性的特点，从而也就决定了影响环境因素的复杂性。因此，工程分析过程中要具有针对性，注意突出重点，表征建设项目环境影响特征，要根据各类型建设项目的性质、类型、规模、污染物种类、数量、毒性、排放方式、排放去向和工程特征，通过全面系统分析，从项目众多的污染因素中筛选出对环境干扰强烈、影响范围大，并有致害威胁的主要因子作为评价的主攻对象。尤其应明确拟建项目的特征污染因子，特别是要抓住其对环境可能产生较大不利影响的主要因素进行深入分析。

（3）应为各专题评价提供定量而准确的基础数据

工程分析数据资料是各专题评价的基础。从整体来说，工程分析是决定评价工作质量的关键，所提出的数据资料一定要真实、准确、可信。对于建设项目的规划、可行性研究和设计等技术文件中提供的资料、数据、图件等，要能够满足工程分析的需要和精度要求，并应进行分析、复核校对后才能加以引用。

（4）应从环保角度为项目选址、工程设计提出优化建议

首先，应从与国家环保法律法规、地方环境规划相符性的角度，分析项目选址选线、布局的合理性，并提出进一步合理布局的建议。其次，应从产业政策、环境技术政策等方面对工程设计进行分析，提出合理化建议，包括调整项目建设内容或建设方案、调整或增加环境保护措施等。

（5）应涵盖项目建设、运行乃至退役的全过程

建设项目一般都需要进行施工建设（施工期或建设期）、建成后运行使用（营运期）等两大阶段，每个阶段都存在对环境的不同影响。有些项目关闭停止使用后（一般称为退役期）仍然存在对环境的较大影响（如垃圾填埋场、核设施、矿山开采等）。因此，工程分析要从项目的施工期（或称建设期）、营运期乃至退役期的全过程进行（生态影响型项目还要扩大到选址选线过程），确保不漏项。

（6）应关注非正常状况下项目的环境影响因素

较大型项目处于非正常工况，甚至发生意外事故时产生的污染或生态破坏因素往往要比项目正常运行多年对环境的影响要大得多。因此，在做较大型项目工程分析时要特别关注并分析出项目非正常工况和发生事故时可能排放的污染物或产生的生态破坏因素，为项目环境影响分析预测和环境风险评价提供源强数据。

2．工程分析的基本方法

工程分析时由于绝大多数项目并未真正建设，实际情况都是未知的，需要采取各种方法进行估算。为了估算的结果尽量和项目建成运行后的实际情况相吻合，就必须遵循一定的规则。这就是工程分析的方法，一般可以分为以下三大类：

（1）类比分析法

类比分析法是用与拟建项目类型相同或相似的现有项目的设计资料或实测统计数据进行工程分析的一种方法。当确定类比对象与本项目全部或一部分存在可比性后，就可以采用该类比对象的经验系数或实测统计参数作为本项目产污与排污源强的计算依据。

类比法常用单位产品的经验产排污系数来计算污染物的产生或排放量。经验产排污系数法公式：

$$A=A_D \times M$$

式中：A——某污染物的产生或排放总量；

A_D——单位产品某污染物的产生或排放定额；

M——产品总产量。

例：拟建项目是一中餐厅，经营项目是粤式菜肴，包括早点、午餐、晚餐，计划设置 300 个就餐位，需要估算该餐厅每天的污水产生量。已知另一同类餐厅有 200 个就餐位，实际经营内容和经营时间与本项目相同，每天产生 40 m³ 的污水。

类比对象每个餐位排水量（A_D）= 40/200 = 0.2 m³/个

拟建项目估算废水产生量（A）= 0.2×300 = 60 m³/d

采用经验产排污系数法计算污染物产生与排放量时，必须对项目类比对象的生产工艺原理、污染治理措施、生产管理及地区环境条件等情况进行全面了解，掌握原料、辅助材料、燃料的成分和消耗定额。一些项目计算结果可能与实际存在一定的误差，在实际工作中应注意结果的一致性，通常情况下，采用全国或地方权威机关（一般是环境保护主管部门）发布的产排污系数手册作为类比依据较为可靠。

类比分析法是工程分析的常用方法，要确保类比所得结果准确可信，类比对象与估算对象之间必须具有可比性，因此要充分注意估算对象与类比对象之间的相似性。具体应从以下三方面入手：

①工程一般特征的相似性

判断估算对象与类比对象是否具有相似性首先是从工程一般特征考虑。所谓工程一般特征包括建设项目的性质、建设规模、车间组成、产品结构、工艺路线、生产方法、原料、燃料成分与消耗量、用水量和设备类型等。

例：上述例题中估算对象与类比对象都是粤式中餐馆，经营内容和时间均相同，只是经营规模有所不同。如果换成一个是西餐厅、一个是中餐馆，则可类比性就显著下降了。

②污染物排放特征的相似性

污染物排放特征的相似性主要包括污染物产生与排放类型、浓度、强度与数量，排放方式与去向，以及污染治理方式与途径等。当类比对象与估算对象的污染治理方式不同时，其污染物产生源强可以用类比对象进行估算，但排放源强就要另外估算。

例：某拟建项目与类比企业一样是采用燃煤锅炉，类比企业对锅炉烟气采用碱液麻石水膜除尘脱硫方法，而拟建项目计划是采用干法石膏脱硫后再经麻石水膜除尘。两者之间的脱硫效率是显著不同的。

③环境特征的相似性

环境特征的相似性主要包括气象条件、地貌状况、生态特点、环境功能以及区域污染情况，乃至社会生活习惯等方面的相似性。因为在生产建设中常会遇到这样的情况，即某污染物在甲地是主要污染因素，在乙地则可能是次要因素，甚至是可被忽略的因素。

例：同样是居民生活污水，因生活习惯的不同，我国北方地区人均每日生活污水产生量和南方地区就大不相同。

（2）物料平衡计算法

物料平衡计算法是用于相对精确计算污染物排放量的常用方法。此方法以各式物理化学反应原理为基础，以理论计算为基本特征，比较容易掌握。但此法因为在理论计算中的设备运行状况均按照理想状态考虑，未考虑实际生产运行时存在的各种波动因素，具有一定的局限性。

物料平衡计算法的基本原理是质量和能量守恒定律，即在生产过程中输入企业生产过程的物质（能量）总量等于输出的物质（能量）总量。在建设项目的产品方案、工艺线路、生产规模、原材料和能源消耗及治理措施确定的情况下，通过物料衡算、能量衡算和水量衡算，可查清流失物的种类和数量、余热的利用和损失、水源的流失等情况，进而为项目污染源强估算和清洁生产水平分析提供依据。

物料平衡计算通式如下：

$$\sum G_{投入} = \sum G_{产品} + \sum G_{流失}$$

式中：$\sum G_{投入}$——投入系统的物料总量（或某元素的总量）；

　　　$\sum G_{产品}$——产出产品总量（或产品中含某元素的量）；

　　　$\sum G_{流失}$——物料流失总量（或进入"三废"中的某元素的总量）。

当投入的物料在生产过程中发生化学反应时，可按下列总量法公式进行衡算：

$$\sum G_{排放} = \sum G_{投入} - \sum G_{回收} - \sum G_{处理} - \sum G_{转化} - \sum G_{产品}$$

式中：$\sum G_{投入}$——投入物料中的某污染元素总量；

　　　$\sum G_{产品}$——进入产品结构中的某污染元素总量；

　　　$\sum G_{回收}$——进入回收产品中的某污染元素总量；

　　　$\sum G_{处理}$——经净化处理掉的某污染元素总量；

　　　$\sum G_{转化}$——生产过程中被分解、转化的某污染元素总量；

$\sum G_{排放}$——某污染元素的排放量。

工程分析中常用的物料衡算有：①总物料衡算；②有毒有害物料衡算；③有毒有害元素物料衡算；④水量衡算；⑤能量衡算。

例：某企业锅炉燃煤硫平衡计算：已知锅炉日燃烧烟煤 300 t，煤的全硫分 3%，其中可燃硫分占 80%，锅炉烟气采用干法石膏法脱硫（脱硫效率可达 90% 以上），请计算烟气中 SO_2 排放量，并绘制出硫平衡图。

解：硫燃烧化学方程式：$S+O_2 = SO_2\uparrow$

由于 S 的原子量是 32，O 的原子量是 16，从上述方程式可以看出，一份质量的 S 燃烧反应后生产 2 份质量的 SO_2。

因此，烟气中 SO_2 产生量=300 t/d×3%×80%×2=14.4 t/d；

烟气脱硫后排放 SO_2 量=14.4 t/d ×（1−90%）= 1.44 t/d。

项目燃煤的硫平衡图：

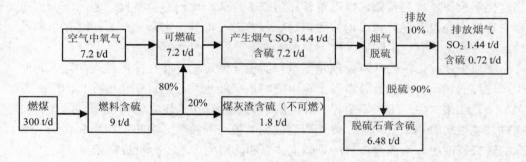

图 3-1　硫平衡图

（3）资料复用法

资料复用法是利用同类工程的环境影响评价资料或可行性研究报告等资料进行工程分析的方法。此方法最为简便，但所得数据的准确性有限，当评价工作等级要求较低、评价时间短或是无法采取类比法和物料平衡计算法的情况下，可采用此方法，也可以作为前两种方法的补充。

资料复用法不仅在工程分析模块中使用，在环境影响评价（特别是在较低级别的环境影响评价）的各章节和模块中都广泛使用。资料复用时要注意其时效性，过时失效的资料不能引用。

例：某项目是在 2010 年建成投产的，其环境影响评价文件论述其产业政策符合性时依据的是《产业结构调整指导目录（2005 年本）》，但 2011 年国家出台了《产业结构调整指导目录（2011 年本）》，现在拟建同类项目就不能照搬照抄其产业政策符合性评价依据和结论。

三、项目概况分析

项目概况分析是工程分析的第一步，也是工程分析的基础。项目概况分析是为工程污染源分析及生态影响因子分析提供基础数据和依据，可防止分析过程漏项。

1．项目基本情况介绍

项目基本情况应交代清楚项目名称、建设单位、建设性质、建设地点、项目组成、建设规模、职工人数、工程总投资额、产品方案、占地面积及发展规划、建设计划等。一般要求绘制项目组成表，同时还应配有项目组成情况的平面布局分布图。

（1）项目组成表绘制

编制环境影响报告书项目的项目组成一般要求列出项目组成表（见表3-2样例），并按照主体工程、配套工程（办公及生活设施）、辅助工程、公用工程、环保工程、储运工程等几个部分进行文字描述说明。对于分期建设项目，应按不同建设期分别说明建设规模。改扩建项目应列出现有工程，并说明改扩建工程与现有工程之间的联系（也叫依托关系）。

表3-2　某水泥熟料生产项目（扩建二期）项目组成（样表）

工程类别	名称	规格型号、规模、数量，或内容说明	备注
主体工程	熟料生产线	新型干法旋窑一条，4 500 t/d	
辅助工程	机电维修站，综合材料库，窑体耐火材料库，中央化验室，中央控制室		利用一期工程
公用工程	供水工程	来自××河，处理后供水能力 4 800 m³/d，配套消防供水站	
	排水工程	雨污分流设计，污水收集进入废水处理站	
	供电工程	市电，110 kV 总降压配电站及各用电单元 10 kV 降压配电站	
		窑体供电备用柴油发电机，功率 1 340 kW	利用一期工程
环保工程	除尘设施	窑头、窑尾废气四级静电除尘，其余布袋除尘	
	降噪设施	设备降噪及工人个人防护	
	污水处理设施	设置废水处理及循环用水系统站	利用一期工程
	厂区绿化	绿化率 15%	
	矿山绿化与复垦	水平分层开采，采终区及时进行绿化复垦	

工程类别	名称	规格型号、规模、数量，或内容说明	备注
储运工程	石灰石矿山	石灰石探明储量 2.3 亿 t	
	石灰石运输	双层密封式皮带廊（基地共用）	
	专用码头	西江边煤、熟料、散装水泥、辅料 4 个专用码头	
	公路连接线	约 2.3 km 厂区连接 321 国道的公路	
	产品熟料库	圆库 ϕ 60 m，储量 100 000 t	利用一期工程
配套工程（办公及生活设施）	办公楼	建筑面积 900 m^2	
	倒班宿舍	建筑面积 1 200 m^2	
	食堂及浴室	建筑面积 800 m^2	

编制环境影响报告表项目的项目组成可参照上述六大部分的内容用文字进行描述，若没有相关组成部分内容的则不必描述。

（2）项目平面布局图的绘制

项目平面布局图是项目各组成部分在平面上的分布。较低级别项目的平面布局图，可由受托的环境影响评价单位根据建设单位的意向说明，用简单的示意图方式表达。较高级别项目的平面布局图应由建设单位委托专业设计人员绘制，然后提交给环境影响评价机构作为基础底图。环境影响评价机构可根据平面布局合理性分析结果，在该平面布局基础底图上增加或调整相关内容（主要是增加污染产生点及其治理设施的位置，或调整对周边环境特别敏感的生产单元或设施设备的位置）。

项目平面布局图上一般要画出建设项目边界红线及其内部主要设施的分布位置。有的还需要结合项目四至情况画出边界附近相关地理标志物。较高级别项目的平面布局图一般要求画上比例尺和方位标志，较低级别项目至少要画上方位标志。

图 3-2 是项目的平面布局图样图。

2．项目生产工艺流程

项目生产工艺流程分析是工程分析中的重要内容。它有助于弄清楚项目究竟如何生产运行，可能的污染产生点在哪里。一般包括绘制生产工艺流程图和工艺流程说明两部分。

（1）工艺流程图绘制要求

一般情况下，工艺流程图应在设计单位或建设单位的可行性研究报告或设计文件基础上，根据工艺过程的描述及同类项目的生产情况进行绘制。但在环境影响评价中，生产工艺流程的分析主要目的在于分析工艺过程中产生污染物的具体部位，污染物的数量和种类。所以在绘制生产工艺流程图时，应包括涉及产生污染物的装置和工艺流程，不产生污染物的过程和装置可以简化，有化学反应发生的工序要列出主要化学反应式和副反应式，有物料添加动作的应在该流程环节上指示物料添加位置及种类。

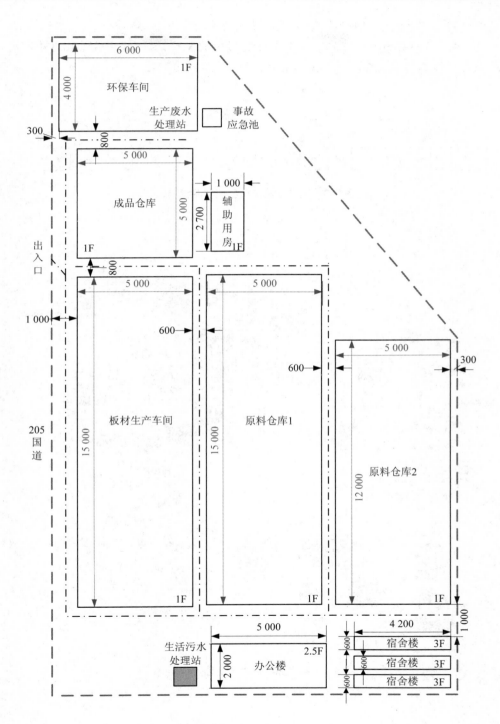

图 3-2 某工业项目平面布局（样图）

项目生产工艺流程图通常以方块流程图或装置流程图的形式表示。

例：图 3-3 是某汽车洗车项目（编制环境影响报告表）工艺流程图，图 3-4 是某水泥生产项目工艺流程图，图 3-5 是某养猪场工艺流程图。

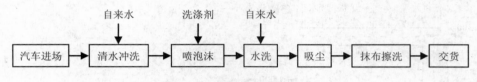

图 3-3　某汽车洗车项目工艺流程图

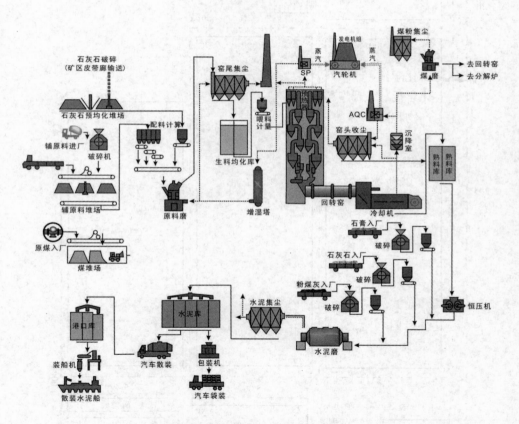

图 3-4　某水泥项目生产工艺流程图

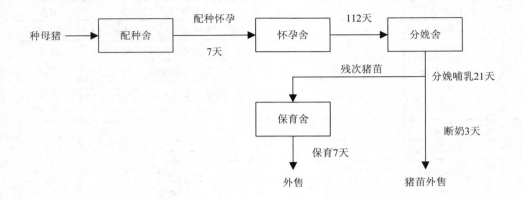

图 3-5 某养猪场工艺流程图

（2）生产工艺流程说明

当项目的生产工艺流程比较复杂时，需要对关键生产环节进行工艺原理详细说明。一般应对有化学反应或加工处理过程的称谓比较专业生僻的工艺环节进行详细解释说明。有化学反应的地方应列出添加的原料和助剂、化学反应方程式及反应条件、反应的主产物和副产物等。

工艺流程说明主要由建设单位委托的专业设计人员负责，并提供给环境影响评价机构。环境影响评价技术人员若对建设单位提供的相关资料尚有不明了的地方，应向具体负责该工艺设计的技术人员咨询确定，以便为后续污染源分析提供可靠依据。

3．项目使用原辅材料情况

项目原辅材料使用及消耗情况的分析，应包括主要原料和辅助材料、助剂的来源、成分和消耗量。对于比较生僻的专用化学试剂（往往是行业专用俗名）要注明其化学分子式和正式的化学名称，对多种物质组成的要说明其主要成分，对具有危险性的物料还要专门对其理化性质及毒害性进行详细的文字说明。当原辅材料种类不多（≤3种）时可用枚举法对原辅材料名称及其年（或月）消耗量进行简单描述，种类较多时则应用列表的方式详细描述。表3-3是某项目原辅材料消耗样表。

表3-3 某项目原辅材料消耗情况（节选部分）（样表）

序号	原辅料名称	单位	年用量	使用生产工序	来源
1	基板	万平方英尺	360	开料（含内、外层）	国产
2	铜箔	t	150	内层压合	国产
3	感光油	t	12	内层 D/F	国产

序号	原辅料名称	单位	年用量	使用生产工序	来源
4	硫酸	t	150	沉铜、干菲林、电镀、废水处理	国产
5	过硫酸钠	t	80	沉铜、电镀、喷锡、抗氧化	国产
6	氢氧化钠	t	160	沉铜、干菲林、去膜、废水处理	国产
7	盐酸	t	480	电镀、蚀刻、废水处理	国产
8	铜球	t	120	电镀	国产
9	锡球	t	18	电镀	国产
10	硫酸铜	t	12	电镀	国产
11	碱性蚀刻液	t	70	蚀刻	国产
12	铅锡条	t	16	喷锡	国产
13	氨基磺酸镍	t	4	电镀镍金	国产
14	氰化钾金	kg	40	电镀镍金	进口
15	镍角	t	8	电镀镍金	国产

表 3-4 具有危险性原辅材料性质一览（样表）

名称	组成/成分	理化性质	毒害性资料	危害辨识
盐酸	HCl	无色透明液体，易挥发，有刺激性气味	具有强腐蚀性，挥发出的酸雾对皮肤、眼睛、呼吸道有强烈刺激	第8类酸性腐蚀物
硫酸	H_2SO_4	无色透明液体，强酸性，强腐蚀性	具在强腐蚀性，强氧化性，脱水性，吞入会严重灼伤消化道，接触易燃物和有机物引起燃烧，与活性金属反应放出氢气	第8类酸性腐蚀物
碱性蚀刻液	$NH_3 \cdot H_2O$, NH_4Cl	无色液体，有氨味，易挥发	刺激呼吸道及皮肤，刺激眼睛会导致流泪或红眼，吸入或食入会引起恶心、呕吐	第8类碱性腐蚀物
氰化金钾	$KAu(CN)_2$	白色晶体粉末；热至200℃时失去结晶水，溶于水，微溶于醇，不溶于醚。易受潮。金含量53.6%	氰根离子能使人体组织的细胞呼吸酶失去活性，也就是使细胞不能利用血液中的氧气，从而形成"细胞内窒息"，导致整个人体组织由于缺氧而失去活性、瘫痪以至死亡	第1类A级无机剧毒物品

4.项目能源、水的消耗情况

项目使用能源（燃煤、燃油、焦炭、燃气、电、水蒸气）、用水的来源及消耗情况，一般也参照上述原辅材料来源及消耗情况描述方式进行描述。使用燃煤作为能源的，在其主要成分中应说明其硫分（即含硫率）、灰分和低位热值，使用燃油（重油、柴油）作为能源的应说明其含硫率，使用燃气（液化石油气、煤制气、天然气）的要说明其主要燃气组分。项目用水主要说明其来源（地表水具体水体、地下水、自来水）、净化处理方式和主要用途（生产用水、生活用水、绿化及消防用水等）的消耗量。

需要注意的是，有时项目使用煤、油、气等并不都是作为能源供应的，而是作为生产原料使用的，这时就应把它们纳入原辅材料进行统计。例如，煤气生产供应公司用煤生产煤气，则煤为原料，煤气是产品；陶瓷企业用煤生产煤气供应窑炉做燃料，则煤为原料，产生的煤气为能源。

5．项目使用主要设备情况

项目主要设备情况要求至少列出生产或营业的核心设备和配套设备的种类、规格和数量。许多项目使用设施设备很多，但并不需要全部列出，只需要列出主要的关键设备。选择主要设备的原则有两条：一是关系到项目生产规模大小的关键设备（如餐饮业的炉灶），二是关系到产生污染负荷大小的关键设备（如餐饮业的抽油烟机）。当设施设备种类较少时也用简单枚举方式表达，超过三种时也一般用列表方式表达。表3-5是某造纸项目主要设备一览表样表。

表3-5　某造纸项目主要设施设备一览（节选部分）（样表）

部门/车间	序号	设施设备名称	单位	型号/规格/来源	数量
造纸车间	1	漂白商品浆板面浆线	条	80 t/a	1
	2	废纸制浆芯浆线	条	德国 Voith，250 t/d	1
	3	废纸制浆底浆线	条	美国 BC，150 t/d	1
	4	高级涂布白纸板纸机	台	4 250 mm 三长网、多缸、三次涂布	1
	5	切纸机	台	JAGENBERG	2
	6	压榨机	台	德国 Voith	1
	7	干燥机	台	德国 Voith	1
	8	涂布机	台	德国 JAGENBERG	1
	9	复卷机	台	德国 JAGENBERG	1
	10	蒸汽冷凝水系统	套	德国 L&E	1
热电车间	11	燃煤锅炉	台	50 t/h	2
	12	发电机	台	6 000 kW	2
环安部	13	SBR 生化系统	套	加拿大 ADI	1
	14	脱硫除尘塔	套	文丘里-水膜除尘+钙-钙双碱脱硫法	2

6. 项目施工期建设方案

当建设项目的施工内容较多且施工期较长时，应有专门一节介绍项目的施工计划和施工方案。施工计划主要是施工组织布局与施工进度的安排方案。施工方案主要是各施工阶段或施工单元的具体施工方法，包括施工设备选型、施工工艺、土石方平衡方案、作业面防止水土流失及生态保护方案、施工临时占地方案等。

施工计划及施工方案对以生态影响为主的建设项目而言尤其重要，它们是识别项目生态影响因子的重要依据之一，一般应由建设单位委托可行性研究设计机构编制。

四、工程污染源分析

1. 产污环节分析

对项目进行污染源分析时要从各个产污环节着手，首先要绘制项目产污环节图。绘制项目产污环节图，首先要在项目工程概况部分详细介绍的项目生产工艺流程图及其工艺原理说明内容的基础上识别出产生废水、废气、固废、噪声、辐射或放射性污染因素的具体工艺环节，然后再在生产工艺流程图的相应工艺环节上用各种标志符号或直接标注出产生污染的类型。这就绘制出了产污环节图。

对于工艺流程特别复杂的项目，往往产生的污染类型及环节也特别多，为了使绘制的产污环节图简洁明了，一般采用在工艺流程图的产污环节上标注污染类型的代表符号，然后再加符号意义的图例说明的方法表达。

对于相对简单的项目工艺流程及其产污环节，可以直接在工艺环节上标注产生的污染类型的方法绘制产污环节图。图3-6就是这类项目的一个样图。

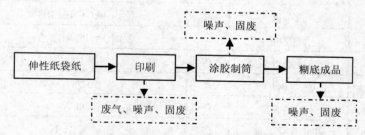

图3-6　简单工艺流程项目的产污环节图（样图）

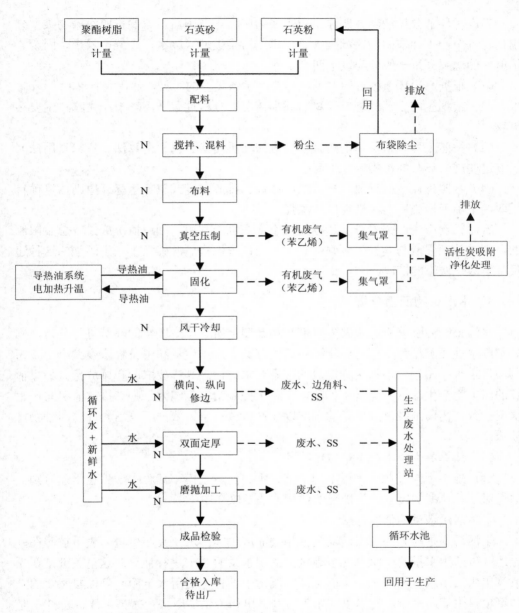

图 3-7 复杂工艺流程项目的产污环节图（样图）

注：N代表噪声。

2．污染源强分析基本步骤

当产污环节分析清楚并制作出所需要的产污环节图后，就要按照污染物类型分别估算各个产生环节的污染源强大小。每一污染类型（废水、废气、噪声、固废、辐射）的源强分析一般分为以下四个步骤：

（1）根据产污环节图说明在哪些环节产生该类型的污染，原因是什么；

（2）根据生产工艺原理及原材料添加情况，分析这些产污环节产生哪些主要污染物；

（3）按照工程分析常用的源强估算方法（类比法、物料衡算法、资料复用法）估算这些产污环节的污染物产生源强；

（4）按照确保达标排放（排放浓度达标、排放强度或总量达标）原则估算项目采取污染治理措施后的污染物排放源强。

若污染物产生源强本身就达标而又不存在综合利用与回用情况或排放总量限制的，则排放源强应与其产生源强一致，不允许出现排放源强大于产生源强的这种违反基本数理逻辑的情况。

3．水污染物源强分析

水污染物源强分析就是要先对产污环节图上所有产生废水的环节进行分析，判断其废水性质类型和主要污染物，然后估算其废水产生量和污染物浓度大小，并绘制项目水平衡图，再根据达标排放的基本要求，估算其排放浓度和排放量。如果估算的污染物产生浓度本身是达标的，在总量控制指标范围内，则其排放情况与产生情况一致；需要削减排放总量的则应以允许排放总量为依据折算出允许的污染物排放浓度。

（1）估算各类废水产生量与排放量

项目处于不同行业、采用不同工艺、不同生产规模，其废水产生量千差万别。这里对一些典型的废水产生情况的估算方法予以介绍：

①生活污水量的估算方法

生活污水是与人的日常活动紧密相关而产生的污水，其产生量一般可按照在南方地区生活用水量的 90% 和北方地区生活用水量的 80% 进行估算。这里关键是要先估算出生活用水量的大小。全国各地区制定了各种生活用水定额，可以参照它们来估算项目生活用水量。这里以广东省为例给出相关生活用水量估算系数。表 3-6 是《广东省用水定额》（DB44/T 1461—2014）给出的城市生活用水系数。

表 3-6 广东省居民生活用水与城镇生活综合用水定额

分类	地区类别	定额单位	定额值
城镇居民	特大城镇	L/（人·d）	200
	大城镇	L/（人·d）	185
	中等城镇	L/（人·d）	180
	小城镇	L/（人·d）	155
农村居民	珠江三角洲地区	L/（人·d）	150
	其他地区	L/（人·d）	140
城镇综合生活	特大城镇	L/（人·d）	280
	大城镇	L/（人·d）	250
	中等城镇	L/（人·d）	230
	小城镇	L/（人·d）	210

例：某工业企业设生活区，常住人口 800 人，估算其生活污水产生量。

分析：工业企业的生活区一般配有饭堂、集体宿舍、娱乐设施、管理设施等，不同于普通的城市居民，员工洗浴次数比一般市民要多，因此可参照特大城镇用水量 200 L/（人·d）[即 0.2 m^3/（人·d）]估算。

估算：生活用水量=800×0.2=160 m^3/d，生活污水产生量=160×90%=144 m^3/d。

注意：若只是办公生活用水（搞卫生、厕所），则只占总用水量的 1/4～1/3，若只有就餐没有住宿的则只占总用水量的 1/2。

《广东省用水定额》（DB44/T 1461—2014）也给出了城镇公共生活用水定额表（见表 3-7），在进行相关公共服务行业的项目的环境影响评价时可以据此估算废水产生量。

表 3-7 广东省城镇公共生活用水定额

行业代码	行业名称	类别	规模/等级	定额单位	定额值	说明
470	房屋建筑业	建筑工地		L/（m^2·d）	2.9	按建筑面积为基数，为综合定额值
521	综合零售	商店、超市、专业市场	营业面积大于 20 000 m^2	L/（人·d）	128	以商店职工人数为基数，为综合定额值
			营业面积 5 001～20 000 m^2	L/（人·d）	100	

行业代码	行业名称	类别	规模/等级	定额单位	定额值	说明
521	综合零售	商店、超市、专业市场	营业面积200～5 000 m²	L/（人·d）	55	以商店职工人数为基数，为综合定额值
			营业面积小于200 m²	L/（人·d）	26	
522	食品、饮料及烟草制品专门零售	农贸市场		L/（m²·d）	25	以营业面积为基数，为综合定额值
611	旅游饭店	宾馆、酒店	五星级	L/（床·d）	1 100	以床位数量为基数，为综合定额值
			三、四星级	L/（床·d）	900	
			一、二星级	L/（床·d）	600	
612	一般旅馆	招待所、旅社		L/（床·d）	350	
621	正餐服务	高档酒楼	餐位数大于1 000 个	L/（餐位·d）	220	以餐位数量为基数，为综合定额值
		中档酒楼	餐位数500～1 000 个	L/（餐位·d）	205	
		一般饭店	餐位数小于500 个	L/（餐位·d）	145	
		西餐馆	以西餐为主	L/（餐位·d）	140	
622	快餐服务	盒饭、小吃、粥、粉、面之类店		L/（餐位·d）	75	
623	饮料及冷饮服务	甜品、炖品、冷饮、茶水之类店		L/（餐位·d）	25	
702	物业管理	写字楼		L/（m²·d）	5.2	以写字楼面积为基数，为综合定额值
772	环境治理	浇洒道路和场地		L/（m²·d）	2.1	以公共绿化面积为基数，为综合定额值
		市内公厕		L/（坑位·d）	1000	以坑位数量为基数，为综合定额值
784	城市绿化管理	市内园林绿化		L/（m²·d）	1.1	以公共绿化面积为基数，为综合定额值
794	理发及美容保健服务	桑拿、按摩、沐足		L/（位·d）	200	以顾客座位数为基数，为综合定额值
		美发/美容		L/（位·d）	140	

行业代码	行业名称	类别	规模/等级	定额单位	定额值	说明
801	修理与护理	洗车	轿车、微型客车、微型货车	L/（辆·次）	200	以洗车车辆数量为基数，为综合定额值
			轻型客车、轻型货车	L/（辆·次）	250	
			中型以上客车、中型以上货车	L/（辆·次）	400	
821	学前教育	幼儿园、托儿所	无住宿	L/（学生·d）	85	以在园孩子人数为基数，为综合定额值
822	初等教育	小学	无住宿	L/（学生·d）	50	以在校学生人数为基数，为综合定额值
823	中等教育	中学、中等专业学校、技工学校	有住宿	L/（学生·d）	180	
			无住宿	L/（学生·d）	100	
824	高等教育	高等院校	有住宿	L/（学生·d）	250	
831	医院	综合医院	床位数 0～150 个	L/（床·d）	820	以医院床位数为基数，为综合定额值
			床位数 151～500 个	L/（床·d）	1 150	
			床位数大于500 个	L/（床·d）	1 450	
833	门诊部医疗活动	门诊部		L/（人·d）	180	以医生职工人数为基数，为综合定额值
865	电影	电影院		L/（m²·d）	11	以营业面积为基数，为综合定额值
872	艺术表演馆	剧院、大礼堂		L/（m²·d）	8	
882	体育场馆	体育场		L/（m²·d）	2	
891	室内娱乐活动	酒吧、夜总会、歌舞厅等		L/（m²·d）	30	
		文化宫		L/（m²·d）	15	
883	休闲健身娱乐活动	保龄球馆、台球馆、健身房等室内场所		L/（m²·d）	12	
912	机关事业单位	办公楼	有食堂和浴室	L/（人·d）	80	以职工人数为基数，为综合定额值
			无食堂和浴室	L/（人·d）	40	

例：广东某新建高职学院设计的在校学生规模为 10 000 人，请估算其生活污水产生量。

分析：高等学校生活用水一般包括学生宿舍楼、饭堂、教学楼、实训实验楼、图书馆、体育馆、学生活动中心、教师办公中心、教师公寓、配套商业服务、校园卫生绿化等设施的综合性生活用水，高职学院属于高等教育行业，因此生活用水估算系数为 250 L/（学生·d）[0.25 m^3/（人·d）]。

估算：生活用水量=10 000×0.25=2 500 m^3/d，生活污水产生量=2 500×90%=2 250 m^3/d。

②工业废水量的估算方法

工业企业行业种类非常庞大，而且各种新型产业层出不穷，要全部采用经验系数进行类比估算有一定困难，但大多数传统行业都有成熟的产排污经验系数，是经过多年运行实际统计出的结果，可靠性相对较高，可以拿来应用。

环境保护部在开展第一次全国污染源普查时（2008 年）组织编印的各行业的《工业污染源产排污系数手册》（共计 11 个分册）对不同产品和工艺、不同生产规模级别、不同污染治理措施的工业污染源的废水、废气、固废及主要污染物的产生与排放系数进行了规定，一般是以单位产品为基数的。在进行拟建项目的污染源强估算时可以引用这些产排污系数加以类比应用。需要注意的是，其产排污系数大多制定得相对保守，是充分考虑了实际生产波动情况的最大可能性的，因此估算结果往往比理想状况偏高，其中的产污系数作为产生源强估算问题不大，但排污系数作为排放源强估算时要根据达标排放原则进行合理修正。

另外，原国家环境保护局科技标准司编辑出版的《工业污染物产生和排放系数手册》也对相关工业行业的产污与排污系数进行了规定，可以参考使用。

对于没有经验产排污系数的行业的项目污染源强估算，只能进行同类已建成项目的实际测算系数进行类比估算。

对于未纳入上述产排污系数手册的工业用水量估算，可以参照《广东省用水定额》（DB44/T 1461—2014）给出的相关参数进行估算。

对于完全没有可类比对象的新型产业或新工艺，则主要靠物料衡算方法估算。这就要求建设单位提供足够详细的工艺原理资料，环境影响评价机构此时要注意承担保密责任，防止建设单位的商业核心机密外泄。

③禽畜养殖业废水量估算方法

《禽畜养殖业污染物排放标准》（GB 18596—2001）规定了各类和不同规模的生猪、牛、鸡的集约化养殖业的最高允许排水量系数（见表 3-8）。在具体项目的污水排水量估算时应在标准规定范围内进行估算。

表 3-8 集约化禽畜养殖业最高允许排放污水量系数

生产工艺	猪/[m³/（100 头·d）]		鸡/[m³/（1 000 只·d）]		牛/[m³/（100 头·d）]	
	冬季	夏季	冬季	夏季	冬季	夏季
水冲工艺	2.5	3.5	0.8	1.2	20	30
干清粪工艺	1.2	1.8	0.5	0.7	17	20

例：某生猪养殖场设计总规模为体重 25 kg 以上生猪存栏量 15 000 头，其中 10 000 头采用水冲洗工艺，5 000 头采用干清粪工艺，请估算其最大污水日排放量。

分析：最大污水排放量应采用夏季的估算系数，其中水冲洗工艺为 3.5，干清粪工艺为 1.8。

估算：水冲洗工艺部分废水量=3.5×10 000/100=350 m³/d；

　　　干清粪工艺部分废水量=1.8×5 000/100=90 m³/d；

　　　合计日最大排水量=350+90=440 m³/d。

注意：项目年废水排放量应按照项目所在地夏季和冬季的实际天数进行估算，春季和秋季的可按冬季和夏季的平均值估算。

（2）绘制项目水平衡图

绘制项目水平衡图的目的是便于直观判断各种水量估算的准确性和完整性，确保核算项目总废水量的可靠性，并从中挖掘出项目实施循环用水、中水回用等节水措施的潜力。

对于编制环境影响报告书的项目或需要编制水环境影响评价专题的报告表项目，当项目各种用水及其废水按照一定方式方法估算出来后，一般要绘制项目水平衡图。

绘制水平衡图的基本原则是遵循物质守恒定律，满足物料平衡基本公式要求。对于每一用水环节而言，各种途径及形态进水量等于各种方式和形态的出水量。

新鲜用水量+原料含水量+循环用水量（重复用水量、回用中水量）

　　=废水产生量+蒸发损失量+产品含水量（工艺消耗量）

废水排放量=废水产生量-循环用水量（重复用水量、回用中水量）

例：表 3-9 是某蚕丝加工项目用水及排水基本情况，依此绘制的项目水平衡图（见图 3-8）。

表 3-9　某蚕丝加工项目用水及排水基本情况　　　　　单位：t/d

用水类别	用水工序（环节）	新鲜用水量	工序消耗量	废水产生量	循环或综合利用水量	废水处理量
生产用水	锅炉	150	150	140	140（蒸汽冷却水循环）	0
	烟气处理	0	20	30	50（利用缫丝废水）	30
	缫丝	333	3	330	0	280
	煮茧	52	4	48	0	48
	复摇	15	5	10	0	10
	副洗	15	5	10	0	10
生活用水	办公及综合楼	15	3	12	0	12
绿化用水	厂区绿化	0	2	0	2（利用处理后废水）	0
合计		580	192	580	192	390

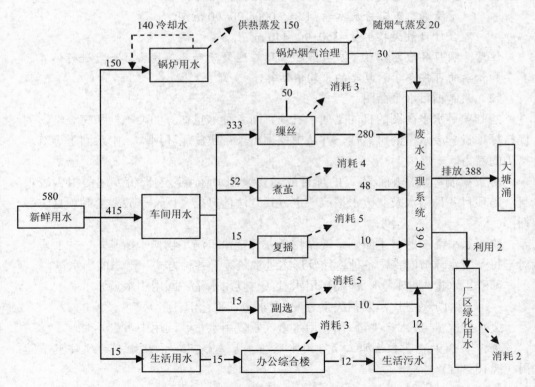

图 3-8　项目水平衡图（水量单位：t/d）

（3）估算各类废水中主要污染物种类

①生活污水中主要污染物

一般生活污水（指家居、旅业、企事业单位的生活污水）中主要污染物是化学需氧量（COD）、生化需氧量（BOD）、氨氮（NH_3-N）、悬浮物（SS）、阴离子表面活性剂（LAS）、总磷（TP）、大肠菌群。

餐饮业生活污水除了上述一般生活污水中的污染物外，还含有大量的动植物油。

医院生活污水除了上述一般生活污水中的污染物外，还可能含有大量病菌（大肠菌群、细菌总数）或余氯。

洗车服务业污水，主要污染物是化学需氧量（COD）、悬浮物（SS）、阴离子表面活性剂（LAS）、总磷（TP）、石油类。

②工业企业废水中主要污染物

工业企业行业种类繁多，同一行业其生产工艺和方法也千差万别，因此难以统一确定某行业工业企业的污染物种类。在针对具体工业项目的产污环节分析时，应从该工艺环节使用的原辅材料着手，结合工艺原理确定可能产生的污染物种类。具体可按照以下原则进行分析判断：

A. 凡是使用有机化工原料并产生废水的工艺环节，一般都会产生大量的 COD，如果是有毒的有机化工原料，废水中还可能存在该有毒物质。

例：某化工厂的某个工艺环节添加甲醇作为反应试剂，其工艺废水除了 COD 外，还可能含有毒物质甲醇。

B. 凡是使用含重金属的原料并产生废水的工艺环节，一般会产生相应重金属污染物。

例：某电镀工艺使用含镍的原料，废水中会含有镍离子污染物。

C. 凡是使用无机毒物作为原料并产生废水的工艺环节，其废水中可能含有该毒物的离子。

例：某电镀厂的镀金工艺采用氰化亚金钾作为原料，其废水中就会含有剧毒的氰化物（氰根离子 CN^-）。

D. 凡是使用强酸或强碱并产生废水的工艺环节，其废水中 pH 值偏酸或偏碱。

例：某电镀厂对电镀物件表面先进行酸洗除锈，则除锈工艺产生的废水 pH 值偏酸。

E. 凡是使用蛋白质、脂肪、淀粉、糖类等食物营养类原料的工艺环节，废水中除了含大量 COD 外，还可能含有大量的 BOD。

例：某食品厂生产豆腐乳，使用黄豆水磨豆腐工艺环节的废水中除了大量 COD 外还含有大量 BOD。

③禽畜养殖业废水污染物

禽畜养殖业废水中污染物种类与人的生活污水相似，所不同的是没有动植物油和阴离子表面活性剂。

（4）估算各类废水中污染物浓度

废水中污染物浓度估算主要是对产生废水中污染物浓度的估算，至于排放废水中污染浓度则一般采用排放标准中给出的控制浓度。

当产生废水中浓度低于排放标准中控制的浓度时，则排放的浓度就是产生的浓度（即排放与产生情况一样）。若某污染物存在总量限制指标，即使浓度达标后排放总量还超标的则应在确保总量不超标的情况下折算出允许排放浓度。

例：某地分配给某纺织企业的 COD 排放总量为 60 t/a，项目扩建后废水量为 90 万 m^3/a，则排放废水中 COD 允许排放浓度应是 66.7 mg/L（$= 60×10^9$ mg$÷90×10^7$ L），而不是一级排放标准中的 100 mg/L。

①生活污水中污染物浓度估算

人的生活污水因不同生活方式和内容，污染物浓度有所差别。另外，由于我国南北方生活习惯的不同，生活污水中污染物浓度也存在差别。根据多年实际监测经验统计结果，我国南方各种生活污水主要污染物浓度平均值见表 3-10。

表 3-10　我国南方地区各种生活污水主要污染物产生浓度

生活污水种类	主要污染物产生浓度/（mg/L）							
	COD	BOD	NH$_3$-N	SS	LAS	TP	动植物油	石油类
综合	550	300	60	200	100	10	20	—
纯住宿	400	250	60	150	150	30	—	—
纯办公	300	200	60	150	30	5	—	—
办公＋用餐	600	350	40	250	100	30	50	—
餐饮服务业	850	500	30	300	150	30	100	—
医院	350	200	60	200	50	5	5	—
洗车服务业	400	100	—	350	200	30	—	60

注意：对于综合后排入三级化粪池初级处理后排出的生活污水，其主要污染物经过厌氧生化降解，COD 浓度一般在 200~350 mg/L，BOD 浓度一般在 100~200 mg/L，SS 浓度一般在 100~200 mg/L，但氨氮浓度有可能上升（因为废水中蛋白质分解后可能产生氨氮而使氨氮浓度增加）。

②工业废水中主要污染物浓度

工业废水中污染物浓度估算主要以类比项目的实测结果（可以是多个同类项目的平均值，也可以是单一项目多次监测的平均值）为依据，也可以用产排污系数中的污染物产生与排放系数估算的产生量和排放量，结合废水量系数估算的废水产生量和排放量折算出污染物浓度。

例：假设某工业项目经采用产污系数法估算的废水产生量为 250 000 m³/a，主要污染物 COD 的产生量为 100 t/a。请估算产生废水中 COD 的浓度是多少？（注：$1 m³=10³ L$，$1 t=10⁹ mg$）

估算：产生废水中 COD 浓度 $=(100×10⁹ mg/a)÷(250 000×10³ L/a)=400 mg/L$。

③集约化禽畜养殖业废水中污染物浓度估算

集约化禽畜养殖业废水产生浓度与采用的生产工艺有关。现代禽畜养殖业由于要贯彻执行节约用水政策（排放标准限制了废水排放量），导致废水中污染物浓度比传统方法要高。根据大量养殖企业废水的实测结果，主要污染物浓度范围如下：

当采用水冲工艺时，养殖禽畜的粪便全部进入废水中，导致废水中污染物浓度很高，COD 浓度可高达 5 万～10 万 mg/L，SS 浓度可达 10 万～20 万 mg/L。

当采用干清粪工艺时，大部分大便粪类被清走，进入废水中的主要是禽畜的小便，因而使污染物浓度显著降低。但因为较少用水冲洗栏舍，污染物浓度下降不均匀，一般 COD 浓度在 1 万～5 万 mg/L，SS 浓度在 3 000～10 000 mg/L。显然悬浮物浓度下降较明显。

不同的禽畜养殖类型，废水中污染物浓度也会有所差别。一般养猪的废水中污染物浓度偏高，养鸡的废水中污染物浓度偏低，养牛的废水处于两者之间（见表 3-11）。

表 3-11　集约化禽畜养殖业产生废水中主要污染物浓度

养殖类型	采用工艺	浓度范围/（10³ mg/L）			浓度平均值/（10³ mg/L）		
		COD	SS	BOD	COD	SS	BOD
养猪	水冲	80～120	150～250	50～70	100	200	60
	干清粪	40～60	30～50	25～35	50	40	30
养鸡	水冲	20～40	50～70	15～25	30	60	20
	干清粪	3～5	5～7	2～3	4	6	2.5
养牛	水冲	50～70	80～100	35～45	60	90	40
	干清粪	10～30	8～10	6～20	20	10	12

4. 大气污染物源强分析

（1）估算各类废气产生量与排放量

根据大气污染物的产生源，可以将大气污染物分为有组织生产工艺废气、无组织生产工艺废气、炉窑烟气、锅炉烟气等。以下分别介绍各类废气的产生和排放量的计算。

①有组织生产工艺废气量的估算

有组织生产工艺废气是指生产工艺过程中产生的大气污染物进入收集系统和排

气系统，通过排气筒排放。

工业企业行业种类庞大，而且各种新型产业层出不穷，生产过程中产生的工艺废气也种类繁多。有组织生产工艺废气（燃料燃烧废气除外）废气量主要是根据污染物收集、处理系统的抽风设备的规模确定的，也就是根据不同抽风机、鼓风机的型号和额定风量及其利用效率确定废气量。但需注意，如果是在废气在收集处进行抽风或鼓风，在输送管道以及通过废气处理系统时需考虑漏风的情况；如果是在排放口进行鼓风，则可忽略漏风情况；另外，输气排气管道的管径变化和管路增加弯道均会形成气流阻力，影响抽风或鼓风机的利用效率，一般管径变化一次会使鼓风或抽风效率下降约 5%，每增加一个弯道会使之下降 5%～15%（90°弯道约为 15%）。

例：某木材加工厂车间粉尘收集处理与排放系统，收集系统风机额定风量是 20 000 m³/h，经过 2 次管径变化（从两根相对较细管到一根较粗的方形管再到圆形管）和一个 90°弯道后进入除尘器，然后经过除尘器（有两次 90°左右的弯道变化，除尘器本身阻滞使风量下降 20%）后排放。计算最后排放气量（不考虑漏风情况）。

分析：进入除尘器前有 2 次管径变化和一个 90°弯道，抽风机效率连续下降 5%、5%、15%；进入除尘器后又有两个 90°弯道和除尘器本身的阻滞，抽风效率再次连续下降 15%、15%、20%。

计算：排气系统的最终排气量是风机额定风量扣除所有阻力后的值，也叫利用风量。

最终排气量= 20 000×（1−5%）×（1−5%）×（1−15%）×（1−15%）×（1−15%）×
（1−20%）= 20 000×95%×95%×85%×85%×85%×80%=8 868 m³/h

整个抽气与排气系统的阻力使风机额定风量的利用效率=8 868/20 000=44.3%

②锅炉烟气量估算

锅炉是将燃料的化学能转化为热能，又将热能传递给水，从而产生一定温度和压力的蒸汽和热水的设备。根据热能的来源可将锅炉分为燃煤锅炉、燃油锅炉、燃气锅炉和废热锅炉等，随着清洁能源的不断发展，还出现了生物质燃料锅炉。

燃料燃烧后产生的烟气是多种气体的混合气体。当燃料完全燃烧时，燃气的组成成分是：碳和硫完全燃烧生成二氧化碳和二氧化硫，燃烧本身固有的和空气中的氮，过剩空气中未被利用的氧，氢燃烧生产的、随空气带入的、燃料本身固有的水分蒸发生产的水蒸气。

烟气各组成成分的容积，即烟气中二氧化碳、二氧化硫、氮、氧、水蒸气、一氧化碳的容积，仍然根据燃料的元素分析成分，按燃烧化学反应式计算求得。对于工业锅炉和供热锅炉，可以用经验公式来计算燃料燃烧产生的烟气量（用符号 V_{yt} 表示）。整个计算过程可分为三步进行：计算理论空气需要量、计算烟气量、计算烟气总量。

A．锅炉理论空气需要量的计算

a）对于固体燃料（煤）：

对于挥发分 $V^y > 15\%$ 的烟煤：

$$V_o = 0.251 \frac{Q_L^y}{1\,000} + 0.278$$

对于挥发分 $V^y < 15\%$ 的贫煤和无烟煤：

$$V_o = \frac{Q_L^y}{4\,145} + 0.61$$

对于劣质煤，低位热值 $Q_L^y \leqslant 12\,560\ \text{kJ/kg}$（3 000 kcal/kg）：

$$V_o = \frac{Q_L^y}{4\,145} + 0.455$$

b）对于液体燃料：

$$V_o = 0.203 \frac{Q_L^y}{1\,000} + 2$$

c）对于气体燃料：

当 $Q_L^y < 10\,468\ \text{kJ/m}^3$

$$V_o = 0.209 \frac{Q_L^y}{1\,000}$$

当 $Q_L^y > 14\,655\ \text{kJ/m}^3$

$$V_o = 0.260 \frac{Q_L^y}{1\,000} - 0.25$$

以上各式中：V_o —— 理论空气需要量，m^3/kg 或 m^3/m^3；

Q_L^y —— 燃料的低位发热值，kJ/kg 或 kJ/m^3（见表 3-15 参考值）；

V^y —— 燃煤应用基的挥发分，%。

B．锅炉实际烟气量估算

a）对于燃烧烟煤、无烟煤和贫煤：

$$V_y = 1.04 \frac{Q_L^y}{4\,187} + 0.77 + 1.016\,1(\alpha - 1)V_o$$

对于 $Q_L^y < 12\,560\ \text{kJ/kg}$ 的劣质煤：

$$V_y = 1.04 \frac{Q_L^y}{4\,187} + 0.54 + 1.016\,1(\alpha - 1)V_o$$

b）对于燃烧液体燃料：

$$V_y = 1.11 \frac{Q_L^y}{4\,187} + 1.016\,1(\alpha - 1)V_o$$

C. 对于燃烧气体燃料：

当 $Q_L^y < 10\,468\ \text{kJ/m}^3$ 时：

$$V_y = 0.725 \frac{Q_L^y}{4\,187} + 1.0 + 1.016\,1(\alpha - 1)V_o$$

当 $Q_L^y > 14\,655\ \text{kJ/m}^3$ 时：

$$V_y = 1.14 \frac{Q_L^y}{4\,187} - 0.25 + 1.016\,1(\alpha - 1)V_o$$

以上各式中：V_y——实际烟气量，m^3/kg 或 m^3/m^3；

$\qquad\qquad Q_L^y$——燃料的低位发热值，kJ/kg 或 kJ/m^3；

$\qquad\qquad V_o$——理论空气需要量，m^3/kg 或 m^3/m^3；

$\qquad\qquad 1.016\,1$——系数，为便于计算，在计算时可略去；

$\qquad\qquad \alpha$——过剩空气系数，$\alpha = \alpha_o + \Delta\alpha$，$\alpha_o$ 为炉膛过剩空气系数，$\Delta\alpha$ 是烟气流程上各段受热面处的漏风系数。α_o、$\Delta\alpha$ 可以通过查表 3-12 和表 3-13 获得。

表 3-12   炉膛过剩空气系数 α_o

燃烧方式	烟煤	无烟煤	重油	煤气
手烧炉及抛机煤炉	1.3～1.5	1.3～2		
链条炉	1.3～1.4	1.3～1.5		
煤粉炉	1.2	1.25	1.15～1.2	1.05～1.10
沸腾炉	1.25～1.3			

表 3-13   漏风系数 $\Delta\alpha$ 值

漏风部位	炉膛	对流管束	过热器	省煤器	空气预热器	除尘器	钢烟道（每 10 m）	砖烟道（每 10 m）
$\Delta\alpha$	0.1	0.15	0.05	0.1	0.1	0.05	0.01	0.05

《锅炉大气污染物排放标准》规定燃烧固体燃料（燃煤）烟气产生量允许最大过剩空气系数为 1.7，排放烟气量允许的最大过剩空气系数为 1.8，液体燃料（燃油）和气体燃料（燃气）的产生与排放均为 1.2。在实际环境影响评价工作中计算锅炉烟气产生量与排放量时可以据此简化应用。

D．锅炉烟气总量的计算

$$V_{yt} = B \cdot V_y$$

式中：V_{yt}——烟气总量，m^3/h 或 m^3/a；

　　　B——燃料耗量，kg/h、m^3/h 或 kg/a、m^3/a；

　　　V_y——1 kg（或 1 m^3）燃料产生的实际烟气量，m^3/kg 或 m^3/m^3。

E．采用经验参数估算锅炉烟气量

在缺乏以上计算参数的情况下，我们可以采用以下经验参数计算烟气的产生量。

表 3-14　锅炉产生 1 t 蒸汽所产生的烟气量　　　　单位：$m^3/(t \cdot h)$

锅炉类型	层燃锅炉	沸腾锅炉	煤粉锅炉	燃油锅炉
废气量	1 483	1 483	1 362	1 362

表 3-15　参考资料：常见燃料的低位发热值（Q_t^y）

序号	燃料名称	低位热值			
1	原煤	18 840～23 027	kJ/kg	4 500～5 500	kcal/kg
2	200 号重油	41 876	kJ/kg	10 002	kcal/kg
3	100 号重油	40 620	kJ/kg	9 702	kcal/kg
4	渣油	41 726	kJ/kg	9 966	kcal/kg
5	燃料油	41 529	kJ/kg	9 919	kcal/kg
6	0 号轻柴油	42 923	kJ/kg	10 252	kcal/kg
7	天然气	36 538	kJ/m^3	8 727	kcal/m^3
8	混合煤气	13 837	kJ/m^3	3 305	kcal/m^3
9	液化石油气	114 898	kJ/m^3	27 443	kcal/m^3
10	生物质燃料	12 560～16 747	kJ/kg	3 000～4 000	kcal/kg

注：1 kcal=4.186 8 kJ。

例：某化工企业配一台 2 t/h 的燃煤锅炉为生产线供热，该炉为煤粉炉，以烟煤作为燃料，煤质情况和消耗量见表 3-16，计算该台燃煤锅炉的烟气产生量和排放量。

表 3-16　某化工企业 2 t 锅炉大气污染物计算参数一览

序号	参数名称	符号	单位	数值
1	燃煤量	B	t/h	0.312 5
2	燃料应用基低位发热量	Q_L^y	kcal/kg	5 361.71
3	挥发分	V^y	%	30.41

分析：按照计算理论空气需要量→计算烟气量→计算烟气总量步骤逐步计算。

估算：（i）估算理论空气需要量

资料提供的是 Q_L^y 以 kcal/kg 为单位，需要进行单位换算。1 kcal=4.186 8 kJ，则本项目使用的燃煤低位发热量为：Q_L^y =5 361.71 kcal/kg=22 448.4 kJ/kg

采用以下公式估算理论空气需要量：

$$V_o = 0.251 \frac{Q_L^y}{1\,000} + 0.278$$

$$= 0.251 \times \frac{22\,448.4}{1\,000} + 0.278$$

$$= 5.91 \text{ m}^3/\text{kg}$$

（ii）估算烟气量

根据《锅炉大气污染物排放标准》（GB 13271—2001）燃煤锅炉烟气产生量过剩空气系数 α 可取 1.7。

$$V_y = 1.04 \frac{Q_L^y}{4\,187} + 0.77 + 1.016\,1(\alpha - 1)V_o$$

$$= 1.04 \times \frac{22\,448.4}{4\,187} + 0.77 + 1.016\,1 \times (1.7 - 1) \times 5.91$$

$$= 10.54 \text{ m}^3/\text{kg}$$

（iii）估算总烟气量

$$V_{yt} = B \cdot V_y$$

$$= 0.312\,5 \times 10^3 \times 10.54 = 3\,294 \text{ m}^3/\text{h}$$

一般情况下，新建项目建设单位是难以提供准确的燃料化验数据的，这时可以按照我国燃煤平均低位热值 5 000 kcal/kg 进行核算。另外也可按照经验系数燃煤 10 m³/kg、燃油 13 m³/kg、燃天然气 11 m³/m³、燃烧生物质燃料 7 m³/kg 进行燃料燃烧烟气产生量的估算。

③工业炉窑烟气量的估算

工业炉窑烟气量一般也以燃料燃烧烟气量计算为基础（理论空气需要量的计算方法与锅炉烟气量计算方法相同），所不同的是允许的空气过剩系数不同。一般工业炉窑允许的空气过剩系数为 1.7，但冲天炉的允许空气过剩系数分别为 4.0（鼓风温度≤400℃）和 2.5（鼓风温度＞400℃）。估算炉窑的实际空气需要量时要注意采用不同的空气过剩系数。

（2）各类废气中主要污染物种类

大气污染物主要来源是工业大气污染源，这部分的排放特点是量大而集中。生活污染源主要是化石燃料燃烧废气和油烟。煤、石油、天然气等化石燃料燃烧产生的大气污染物主要是烟尘、SO_2 和 NO_x。各行业排放的大气污染物种类差异较大，具体情况见表 3-17。

表 3-17　工业企业向大气中排放的主要污染物

行业	企业类型	排放的主要大气污染物
电力	火力发电	烟尘、SO_2、NO_x、CO
冶金	钢铁	烟尘、CO_2、CO、氧化铁尘、氧化钙尘
	有色金属冶炼	烟尘（含各种重金属）
	烧焦	烟尘、SO_2、CO、硫化氢、酚、苯、萘、烃类
化工	化工厂	SO_2、硫化氢、氰化物、NO_x、氯化物、烃类
	石油化工厂	含硫化合物、烃类、NO_x、粉尘、硫化氢、CO、氨、苯并芘
	氮肥厂	粉尘、NO_x、CO、氨、酸雾
	磷肥厂	粉尘、氟化物、SiF_4、硫酸气溶胶
	硫酸厂	SO_2、NO_x、As、硫酸酸雾
	氯碱厂	氯气、氯化氢气、HgF、CO
	化学纤维厂	烟尘、硫化氢、氨、二硫化碳、甲醇、丙酮、二氯甲烷
	农药厂	砷、汞、氯气、农药
	冰晶石厂	氟化氢、SiF_4
	合成橡胶厂	丁二烯、苯乙烯、乙烯、异丁烯、异戊二烯、丙烯腈、二氯乙烯、二氯乙烷、乙硫醇
	饮料厂	SO_2、NO_x
机械	机械加工	烟尘、粉尘、SO_2、CO
轻工	仪表	汞、氰化物、铬酸
	造纸	烟尘、硫醇、硫化氢、二氧化硫
	灯泡	烟尘、汞
	玻璃	烟尘
建材	砖瓦	烟尘、粉尘、CO、SO_2、NO_x
	石棉加工	石棉粉尘
	水泥	烟尘、水泥粉尘、SO_2、NO_x

（3）估算各类废气中污染物排放量

①化石燃料燃烧各种污染物排放量

A．烟尘排放量的计算

烟尘的排放量与煤的灰分、燃烧状态和炉型、除尘器效率等因素有关。

a）对于现有工程有现状监测数据的情况，可利用下式计算：

$$G_d = 10^{-6} Q_y \cdot C_i \cdot h$$

式中：G_d——烟尘排放量，kg；

Q_y——烟气平均流量，m^3/h；

C_i——烟气中烟尘的平均浓度，mg/m^3；

h——排放时间，h。

b）对于新建项目（无监测数据），可采用如下公式计算烟尘产生与排放量：

$$G_d = \frac{B \cdot A \cdot d_{fh}(1-\eta)}{1-C_{fh}}$$

式中：B——耗煤量，t；

A——煤的灰分质量分数，%；

d_{fh}——烟气中烟尘占灰分量的质量分数，%，其值与燃烧方式有关，详见表3-18；

C_{fh}——烟尘中可燃物的百分含量，%，与煤种、燃烧状态和炉型等因素有关。对于层燃炉，C_{fh}可取15%～45%；煤粉炉可取4%～8%；沸腾炉取15%～25%；

η——除尘系统的除尘效率，%；计算烟尘产生量时，$\eta = 0$。

表3-18　常见炉型 d_{fh} 值

炉型		d_{fh}/%	炉型	d_{fh}/%
层燃炉	手烧炉	15～25	沸腾炉	40～50
	链条炉	15～25	煤粉炉	75～85
	振动炉排	20～40	天然气炉	0
	抛煤机炉	25～40	油炉	0

例一：某企业现有一台工业锅炉，燃烧方式为沸腾炉，实测排放烟气量为11 560 m^3/h，实测排放烟尘平均浓度为123 mg/m^3，请计算每天烟尘排放量。

分析：该锅炉为现有锅炉，应根据实测数据采用公式计算。

估算：每天（未作说明的按照24 h计）锅炉烟尘产生量估算：

$Q_y = 11\ 560\ m^3/h$，$C_i = 123\ mg/m^3$，$h = 24$

$G_d=10^{-6}Q_y \cdot C_i \cdot h=10^{-6} \times 11\,560 \times 123 \times 24=34.12$ kg/d

例二：某企业计划增加一台工业锅炉，燃烧方式为链条炉，预计每小时消耗燃煤 1.8 t，燃煤平均低位热值 5 000 kcal/kg，灰分为 35%，配套麻石水膜除尘器的除尘效率为 98%。请计算该锅炉烟尘产生量和排放量。

分析：该锅炉为新建，应采用新建项目锅炉烟尘产生与排放量计算公式。

估算：①锅炉烟尘产生量估算

$B=1.8$ t/h=1 800 kg/h，$A=35\%$，$d_{fh}=20\%$（取链条炉中间值），$C_{fh}=30\%$（取层燃炉中间值）

估算烟尘产生量时，计算公式中除尘效率 $\eta=0$

因此，$G_d=\dfrac{B \cdot A \cdot d_{fh}(1-\eta)}{1-C_{fh}}=$（1 800×0.35×0.2×1）/（1-0.3）= 180 kg/h。

②锅炉烟尘排放量估算

估算烟尘排放量时，计算公式中除尘效率 $\eta=98\%$，其余参数取值不变。

因此，$G_d=\dfrac{B \cdot A \cdot d_{fh}(1-\eta)}{1-C_{fh}}=$[1 800×0.35×0.2×（1-98%）]/（1-0.3）= 3.6 kg/h。

B. 二氧化硫产生与排放量的计算

a）燃煤烟气中 SO_2 产生与排放量估算

煤炭中可燃性硫占全硫分的 70%~90%，平均取 80%，在燃烧过程中，可燃性硫氧化为二氧化硫，其化学反应方程式为：$S+O_2=SO_2$。

根据以上反应式，燃煤产生的二氧化硫计算式如下：

$$G_{SO_2}=2 \times B \times S \times 80\%(1-\eta_s)=1.6B \cdot S \cdot (1-\eta_s)$$

式中：G_{SO_2}——二氧化硫排放量，kg；

B——耗煤量，kg；

S——煤中的全硫分质量分数，%；

η_s——脱硫效率，%，若没有脱硫装置，取 0；计算 SO_2 产生量时，$\eta_s=0$。

若有可燃硫的百分比，则公式中的系数 1.6 应改为 2×可燃硫的百分比。

例：某企业计划增加一台燃煤锅炉，预计每小时消耗燃煤 1.8 t，煤的全硫分为 0.8%，其中可燃硫分占 80%，配套麻石水膜碱液除尘脱硫器设计脱硫效率为 70%。请计算该锅炉烟气中 SO_2 产生量和排放量。

估算：（i）锅炉烟气 SO_2 产生量估算

$B=1.8$ t/h=1 800 kg/h，$S=0.8\%$，估算 SO_2 产生量时，计算公式中除尘效率 $\eta=0$

因此，$G_{SO_2}=2 \times B \times S \times$ 可燃硫比例 ×（1-η_s）

=2×1 800×0.8%×80%×1

=23.04 kg/h

（ⅱ）锅炉烟气中 SO_2 排放量估算

估算 SO_2 排放量时，计算公式中脱硫效率 η =70%，其余参数取值不变。

因此，G_{SO_2}=2×B×S×可燃硫比例 ×（1－η_s）

$\qquad$ =2×1 800×0.8%×80% ×（1－70%）

$\qquad$ =6.912 kg/h

b）燃油和燃气烟气中 SO_2 产生与排放量的估算

燃油中排放的二氧化硫可用下式计算：

$$G_{SO_2} = 2B_O \cdot S_O \cdot (1-\eta_s)$$

式中：G_{SO_2}——二氧化硫排放量，kg；

$\qquad$ B_O——燃油消耗量，kg；

$\qquad$ S_O——燃油中硫质量分数，%；

$\qquad$ η_s——脱硫效率，%，若没有脱硫装置，取 0。

对于气体燃料，要把消耗的燃气体积（m^3）转换为质量（kg）后，参照应用燃油的公式估算烟气中的 SO_2 产生与排放量。这时首先要弄清楚燃气的密度，然后把燃气密度乘以燃气消耗体积就可以得到燃气消耗质量。

例：某企业计划增加一台燃油锅炉，预计每小时消柴油 240 kg，柴油全硫分为 0.2%，烟气未经任何处理直接排放。请计算该锅炉烟气中 SO_2 排放量。

分析：烟气未经处理直接排放，说明其排放量与产生量相等。

估算：燃油锅炉烟气 SO_2 产生量估算

B_O=1.8 t/h=240 kg/h，S_O=0.2%，估算 SO_2 产生量时，计算公式中除尘效率 η =0

因此，G_{SO_2} = $2B_O \cdot S_O \cdot (1-\eta_s)$

$\qquad$ =2×240×0.2%×1

$\qquad$ =0.48（kg/h）

烟气未经治理，因此锅炉烟气中 SO_2 的排放量=产生量=0.48 kg/h。

C. 氮氧化物排放的计算

化石燃料燃烧过程中生成的氮氧化物中，一氧化氮占 90%，其余为二氧化氮。燃料燃烧生成的 NO_x 主要来源：一是燃料中含有许多氮的有机物，如喹啉（C_5H_5N）、吡啶（C_9H_7N）等，在一定温度下放出大量的氮原子，生成大量的 NO，通常称为燃料型 NO；二是空气中的氮在高温下氧化的氮氧化物，称为温度性 NO_x。燃料含氮量的大小对烟气中氮氧化物浓度的高低影响较大，而温度是影响温度型氮氧化物生成量大小的主要因素。

燃料燃烧生成的氮氧化物量可用下式计算：

$$G_{NO_x} = 1.63B(\beta \cdot n + 10^{-6}V_y \cdot C_{NO_x})$$

式中：G_{NO_x}——氮氧化物排放量，kg；

　　　B——煤或燃油耗量，kg；

　　　β——燃烧氮向燃料型 NO_x 的转变率，%，与燃料含氮量 n 有关。普通燃烧条件下，燃煤层燃炉为 25%～50%（$n \geqslant 0.4\%$），燃油锅炉 32%～40%，煤粉炉可取 20%～25%；

　　　n——燃料中氮含量，%，可查表 3-19；

　　　V_y——1 kg 燃料生成的烟气量，m^3/kg，可用前面烟气实际需要量公式计算。

　　　G_{NO_x}——燃烧时生成的温度型 NO 的浓度，通常可取 93.8 mg/m^3。

表 3-19　锅炉用燃料的含氮量

燃料名称	含氮重量百分比/%	
	数值	平均值
煤	0.5～2.5	1.5
劣质重油	0.2～0.4	0.20
一般重油	0.08～0.4	0.14
优质重油	0.005～0.08	0.02

例：某企业计划增加一台燃油锅炉，预计每小时消耗柴油 400 kg，柴油含氮量为 0.02%，烟气未经任何处理直接排放。请计算该锅炉烟气中 NO_x 每小时排放量及其排放浓度。

分析：烟气产生量可用经验系数法估算。烟气未经处理直接排放，说明其污染物排放量与产生量相等。污染物排放浓度=污染物排放量÷废气量。

估算：（i）柴油锅炉烟气产生量估算

根据前述烟气产生量计算公式，1 kg 柴油燃烧产生的烟气量约为 13 m^3

因此，项目柴油锅炉烟气产生量 V_y=13 m^3/kg。

（ii）柴油锅炉烟气 NO_x 产生量估算

根据题意：B=400 kg/h，n=0.02%，β=36%（取燃油锅炉中间值），G_{NO_x}=93.8 mg/m^3

因此，$G_{NO_x}=1.63B(\beta \cdot n+10^{-6}V_y \cdot C_{NO_x})=1.63 \times 400(36\% \times 0.02\%+10^{-6} \times 13 \times 93.8)=$ 0.89 kg/h

（iii）柴油锅炉烟气 NO_x 排放量估算

烟气未经处理，NO_x 排放量=NO_x 产生量=0.89 kg/h

（iv）柴油锅炉烟气中 NO_x 排放浓度估算

NO_x 排放浓度 C=0.89 kg/h×10^6 mg/kg /（400 kg/h×13 m^3/kg）= 171 mg/m^3

对于工业炉窑，大多数窑内温度很高，进入窑内的空气中 N_2 有可能被氧化成氮氧化物，氮气和氧气发生氧化反应温度在 1 000℃左右（如干法回转水泥窑温度达 1 200℃左右，窑尾气中就含大量氮氧化物），窑内温度在 950℃以下的可不考虑空气中 N_2 被氧化。因此，1 000℃以上高温炉窑的烟气中氮氧化物除了考虑燃料含氮燃烧产物外，还要考虑进入窑内的空气中 N_2 被高温氧化而生成的氮氧化物，此时一般要采取类比法估算。

②有组织生产工艺废气排放中各污染物的排放量

工业有组织排放废气中污染物排放量估算主要以类比项目的实测结果（可以是多个同类项目的平均值，也可以是单一项目多次监测的平均值）为依据，也可以用产排污系数中的污染物产生与排放系数估算的产生量和排放量。

（4）无组织排放废气污染物源强估算

无组织排放是指大气污染物不经过排气筒的无规则排放。低矮排气筒（一般指 15 m 以下）的排放属有组织排放，但在一定条件下也可造成与无组织排放相同的后果，因此也可纳入无组织排放源计算。产生无组织排放的情况主要有：生产工艺过程中产生的大气污染物没有进入收集系统和排气系统，而通过厂房天窗或直接弥散到环境中；物料装卸、运输、堆放等过程产生扬尘；有机溶剂储罐产生呼吸废气等。

①生产工艺过程中产生的污染物没有进入收集系统和排气系统较难估算排放量，一般根据已有同类项目现有监测数据类比得出。

②项目物料的装卸及储存过程，扬尘的大小与物料的粒度、比重、落差、湿度、风向、风速等诸多因素有关。最常见的堆放物料为煤，以下以煤的装卸、堆放为例讲解无组织排放源强的计算。

A．装卸的无组织排放

本次主要估算煤及煤渣的无组织排放量。卸料包括从汽车卸料入库，取料则指从料库取料。物料装卸时粉尘无组织排放源强计算式如下：

$$Q=扬尘面积×平均风速×瞬时浓度$$

B．堆存产生的无组织排放源分析

贮煤场大气环境污染主要来自自然煤堆表面的扬尘。煤尘按其粒径可分为 100 μm 以上的粗煤尘和 100 μm 以下的细煤尘。据统计，细煤尘约占总煤尘量的 4.7%。粗煤尘由于重力作用，很快落地，通常不超过几米；而细煤尘可随气流输送、扩散，影响范围相对较大，是贮煤场粉尘污染的主要因素。

煤堆在自然风力作用下的起尘量的经验公式：

$$Q = 2.1 \times (U_{10} - U_0)^3 \times P \times e^{-1.023w}$$

式中：Q——煤场起尘量，kg/a；

  P——煤场贮煤量，t/a；

  w——煤堆表面含水率与煤的自然含水率之差；一般假设自然含水率 8%，表面含水率（洒水后）为 13%；

  U_0——起尘风速，可取 3.0 m/s；

  U_{10}——距地面 10 m 高度处风速，m/s。

  ③有机溶剂储罐呼吸废气

  在许多工业中都会使用到有机溶剂的储罐，特别是在化工行业。有机溶剂储罐在储存有机溶剂后，会产生有机废气的无组织排放问题，也就是俗称的"大小呼吸"。

  储罐发生大呼吸的原理在于槽车向储罐输入液态有机溶剂时，储罐内的有机溶剂蒸汽因原料的输入而向储罐顶部压迫。一般储罐为了维持储罐内的气压平衡，在液态原料输入时，储罐顶部排气管会打开，储罐内的溶剂蒸汽就会排到大气中，此为大呼吸。

  储罐发生小呼吸的原理在于环境温度的变化使得储罐内部液态原料向气态的转化，这部分原料蒸汽通过储罐顶部的排气管排入大气，此为小呼吸。

  储罐产生的无组织废气情况主要与储罐的结构有关，按照储罐的结构一般可分为固定顶罐、内浮顶罐、外浮顶罐、球罐、锥顶罐、地下罐、低温罐等，根据储存物料性质、储存条件选择合适的储罐，最常见的是固定顶罐，以下就以固定顶罐为例介绍大小呼吸排放量的计算。

  A．储罐小呼吸排放量的计算：

$$L_y = 0.191 M \left(\frac{P}{100\,910 - P} \right)^{0.68} D^{1.73} H^{0.51} \Delta T^{0.45} F_P C K_C$$

式中：L_y——储罐的呼吸排放量，kg/a；

  M——储罐内蒸汽的分子量；

  P——在大量液体状态下，真实的蒸汽压力，Pa；

  D——罐的直径，m；

  H——平均蒸汽空间高度，m；

  ΔT——每日大气温度变化的年平均值，℃；

  F_P——涂层系数（量纲一），根据油漆状况取值在 1～1.5；

  C——用于小直径罐的调节因子（量纲一）；直径在 0～9 m 的罐体，$C = 1 - 0.012\,3\,(D-9)^2$；罐径大于 9 m 的罐体，$C=1$；

  K_C——产品因子（石油原油 K_C 取 0.65，其他的有机液体取 1.0）。

  B．储罐大呼吸排放量计算：

$$L_W = 4.188 \times 10^{-7} M P K_N K_C \times V_L$$

式中：L_W——固定顶罐的年工作损失，m^3/a；

   M——储罐内产品蒸汽分子量；

   P——大量液体状态下，真实的蒸汽压力，Pa；

   V_L——液体年泵送入罐量，m^3/a；

   K_N——周转因子，若周转次数 K 小于 36，取 1；若 K 小于 220，则 $K_N=11.467 \times K^{-0.7026}$，若 K 大于 220，$K_N=0.26$。

   K_C——产品因子（石油原油 0.65，其他有机液体 1.0）。

5. 噪声源强估算

噪声源强估算主要是弄清楚产生噪声的设施设备的噪声大小。较低级别的项目一般只需要弄清楚源强等效声级在 75 dB 以上的固定噪声设备的数量和位置即可。但较高级别的项目（主要是噪声评价等级较高）应找出所有固定和流动噪声源的等效声级、倍频带声压级、声功率级等源强参数。

（1）固定设备噪声源强估算

固定设备噪声源强估算一般采用资料复用法或公式计算法两种途径进行。表 3-20 是常见固定设备噪声的等效声级值资料，在一般的噪声评价中可以加以引用。

对于电动机、风机等稳态噪声源，可以根据其额定功率和其他设计参数，采用经验公式法计算出这些设备运行时的噪声源强理论值。但实际运行时噪声大小受设备安装条件、使用时间等因素干扰影响，与理论计算结果有一定的偏差，因此，在环境影响评价工作中较少利用理论计算法估算设备噪声源强大小。

表 3-20 常见设备噪声等效声级值   单位：dB（A）

序号	等效声级范围	常见设备名称
1	>140	飞行状态飞机发动机、火箭发动机、矿山爆破、锤击打桩机
2	130～140	锅炉减压蒸汽排气、大型鼓风机、风铲、风铆、火车汽笛、防空警报
3	125～130	轧材热锯、锻锤、NO.8 风机
4	120～125	大型球磨机、加压制砖机、有齿锯锯钢材
5	115～120	柴油机试车、内冷发电机、6500 抽风机、热风炉、鼓风机
6	110～115	罗茨鼓风机、电锯（锯木料、石料）、挖掘机
7	105～110	织布机、电刨（木料）、破碎机、大螺杆压缩机、推土机
8	100～105	柴油发电机、大型鼓风钻机、
9	95～100	纺织车间、空压机站、泵房、冷冻机房
10	90～95	轧钢机、饼干机、封盖机、磨石机
11	85～90	机械加工机床（车床、刨床、铣床）、造纸机、印刷机、连动装订机、切草机
12	80～85	挤塑机、普通抽风机、怠速状态手扶拖拉机
13	75～80	一般小水泵、真空镀膜机

当某设备没有噪声源强资料可用时，一般采用类比调查监测方法进行。也就是找到同类设备在运行状态进行实地监测。注意：声源噪声监测是在离设备表面一定距离（0.3～1 m）进行的，因此监测结果要换算为设备原始发声大小。换算公式如下：

$$L = L_m + 10 \lg (4\pi r^2)$$

式中：L——声源原始发声声级，dB（A）；

　　　L_m——离表面一定距离监测的声源噪声级，dB（A）；

　　　r——监测时离设备表面的距离，m。

例：某柴油发电机设备最大几何尺寸 1.7 m，运行时在离其表面 1 m 处测得的噪声等效声级是 94 dB（A），请计算该柴油发电机原始发声声级。

计算：柴油发电机原始发声声级 $L = 94 + 10 \times \lg (4 \times \pi \times 1^2) = 105$ dB（A）。

项目声环境影响评价等级较高（一级）时，应采取类比实测法监测项目使用的同类高噪声设备[指 85 dB（A）以上的]的噪声频谱及其倍频带声压级，并计算出声功率级。相关概念及方法在声环境影响评价技术课程中阐述。

（2）其他噪声源强估算

除了固定设备声源外，还有流动声源、偶发声源等发声声源。对于流动声源（汽车、火车、飞机）的噪声源强估算，一般利用单机运动状态的发声系数结合设计的交通流量采用经验公式法进行计算。流动声源项目的声环境影响评价等级一般都是较高级别的一级评价，这里不做具体阐述，相关源强估算的具体方法参见《环境影响评价技术导则　声环境》（HJ 2.4—2009）及声环境影响评价课程。《汽车定置噪声限值》（GB 16170—1996）给出的我国对出厂的各种汽车设定的噪声限值（单机发声系数，见表 3-21），可供公路交通噪声源强估算时使用。

表 3-21　我国汽车定置噪声限值　　　单位：dB（A）

车辆类型	燃料/转速/功率	1998 年前出厂	1998 年 1 月 1 日起出厂
轿车	汽油	87	85
微型客车、货车	汽油	90	88
轻型货车、越野车	汽油 $n_t \leqslant 3\,000$ r/min	94	92
	汽油 $n_t > 3\,000$ r/min	97	95
	柴油	100	98
中型客车、货车、大型客车	汽油	97	95
	柴油	103	101
重型货车	$N \leqslant 147$ kW	101	99
	$N > 147$ kW	105	103

对于偶发噪声（各种施工、生产过程无规律间歇产生的敲击、撞击声）的源强估算，只能采用到同类项目现场类比实测的方法，测出其最大瞬时源强及出现频次和时段。

6．固体废物源强估算

（1）固体废物产生种类分析及性质分类

固体废物是指人们在生产、生活和其他活动中产生的丧失原有利用价值，或虽未丧失原有利用价值但被抛弃的固态、半固态和置于容器中的气态、液态物质。因此，在人类活动的各个方面（工业与农业生产、家居与社会活动）和许多活动环节（原材料采集、施工、生产加工运行、产品使用等）都可能产生各种各样的固体废物。

我国把固体废物分为危险废物和一般废物两大类进行管理，并颁布了《国家危险废物名录》。危险废物是指具有腐蚀性、毒性、易燃性、易爆性或者感染性等一种或者几种危险特性的废物（具有放射危险性的废物纳入放射源管理，不作为固体废物管理），对于不确定但也不能排除存在上述危险性的废物也按照危险废物管理。

对于需要外运出厂界外的危险废物必须由国家颁发了专门的危险废物经营许可证的单位进行收运和处理，建设单位需要做好在厂界内妥善暂存的措施，但建设单位可自行在厂界内对危险废物进行资源化利用和无害化处置措施。

对于一般废物，应尽量做到减量化（尽可能减少产生量）、资源化和无害化。

所以，在根据产污环节进行项目固体废物产生种类分析时，应根据上述固废性质分类标准对项目产生的各种固体废物定性，以便为后续的固废环境影响分析及相应污染防治措施分析提供依据。

（2）固体废物产生量估算

固体废物产生量的估算主要采用物料衡算法进行，个别的可采用经验系数估算。

例一：某企业使用燃煤锅炉，日烧煤 20 t，煤的灰分质量分数为 35%，经估算日排放烟尘量是 0.5 t。请估算燃煤灰渣的产生量。

分析：煤的灰分就是不可燃的成分，燃烧后只有两种去向，一是作为煤渣留在炉内，二是作为烟尘进入烟气。炉内煤渣定期清除堆放在附近煤渣场，烟气中烟尘大部分经除尘设备降落成为煤灰堆放在储灰池，少部分随烟气排放到空气中。

估算：锅炉燃煤灰渣产生量=炉渣+除尘器收集的煤灰=燃煤灰分量−排放烟尘

=燃煤量×灰分−烟尘排放量=20×35%−0.5=6.5 t/d

例二：某木器加工厂生产木制家具，每年使用各种木材 2 000 t，家具产品总重量 1 500 t，使用铁钉、五金件约 20 t。请估算该厂每年木材边角料废物产生量。

估算: 木材边角料=木材使用量+铁钉五金件重量-家具总重量

$$=2\,000-1\,500+20=520 \text{ t/a}$$

例三: 某学院总共有学生 8 000 人,全部食宿在校内,请估算日产生的生活垃圾量。

分析: 学生在校生活包括用餐、住宿、学习、娱乐等,均产生生活垃圾,按照同类型项目的经验统计系数,每人每天产生生活垃圾约 1 kg。

估算: 该学院每日生活垃圾产生量=学生人数×垃圾产生系数

$$=8\,000 \times (1/1\,000) = 8 \text{ t/d}$$

7. 辐射源强估算

(1) 辐射源性质分类

通常人们所说的环境辐射可分为电磁辐射和电离辐射两大类。

①电磁辐射

电磁辐射是指能量以电磁波形式由源发射到空间的现象。电磁辐射无处不在,地球本身就是一个大磁场,天然磁场、太阳光等无时无刻不在发射各种频率的天然电磁波。随着现代化的发展,各种家用电器、专业仪器及电力、通信设备等都会发出各种各样的人造电磁波。

电磁波对人体的影响主要由频率、功率及受照射时间来决定。频率越高,空间传输能力越强,对人体影响越大;功率越大,辐射出来的电磁场强度越高,对人体影响越大;同样频率和功率情况下,人体受照射时间越长,对人体影响越大。

电磁辐射不等于电磁污染,电磁辐射虽无处不在,无时不在,但只有在电磁辐射超过一定强度(即安全卫生标准限值)后才形成,才对人体产生负面效应,导致头疼、失眠、记忆衰退、血压升高或下降、心脏出现界限性异常等症状。如在电磁辐射超强度的环境下长期作业,严重的可能引起部分人员流产、白内障,甚至诱发癌症。

电磁场跨越的频率范围十分广,从工频(50 Hz/60 Hz)至微波段,因频率不同,空间传输能力相差很大,因而对人体健康的影响后果差别也很大。通常电磁波的频谱可粗略划分为工频(50 Hz/60 Hz)、射频或高频($10^3 \sim 10^8$ Hz)和微波($>10^9$ Hz)三个频段。电力设施常用的工频电场(50 Hz/60 Hz)一般传输距离在 $20 \sim 50$ m 范围信号就基本消失,超高频的微波则可以穿越几十公里甚至上百公里还能够检测到信号。表 3-22 是电磁波谱划分的几个频段所对应的电磁波频率范围。

表 3-22 电磁波谱的频段划分

频段名称		对应波段	缩写名称	频率范围
低频	甚低频	万米波（甚长波）	VCF	30 Hz～30 kHz
	低频	千米波（长波）	CF	30 kHz～300 kHz
	中频	百米波（中波）	MF	300 kHz～3 000 kHz
射频	高频	十米波（短波）	HF	3 MHz～30 MHz
	甚高频	米波	VHF	30 MHz～300MHz
微波	特高频	分米波	UHF	300 MHz～3 GHz
	超高频	厘米波	SHF	3 GHz～30 GHz
	极高频	毫米波、亚毫米波	EHF	30 GHz～300 GHz，300 GHz～3 000 GHz

注：换算：1 kHz=1 000 Hz；1 MHz=1 000 kHz；1 GHz=1 000 MHz。

1997 年 3 月 25 日，国家环境保护局发布了《电磁辐射环境保护管理办法》，规定了哪些需要进行环境保护管理的电磁设施设备。这意味着这些设施设备可能存在较大的电磁辐射污染，需在环境影响评价中进行分析评价。表 3-23 列出了纳入环境保护管理范围电磁设施设备。

表 3-23 纳入环境保护管理的电磁辐射设施设备

设施设备分类	序号	设施设备名称	备注
信号发射系统	1	电视（调频）发射台及豁免水平以上的差转台	豁免水平见表 3-24
	2	广播（调频）发射台及豁免水平以上的干扰台	豁免水平见表 3-24
	3	豁免水平以上的无线电台	豁免水平见表 3-24
	4	雷达系统	
	5	豁免水平以上的移动通信系统	指输出功率大于 15 W 的
工频强辐射系统	1	电压在 100 kV 以上送、变电系统	
	2	电流在 100 A 以上的工频设备	
	3	轻轨和干线电气化铁道	
工业、科学、医疗设备的电磁能应用	1	介质加热设备	
	2	感应加热设备	
	3	豁免水平以上的电疗设备	豁免水平见表 3-22
	4	工业微波加热设备	
	5	射频溅射设备	

1988 年 3 月 11 日，国家环境保护局批准发布的《电磁辐射防护规定》（GB 8702—88）规定了免于环境管理的电磁辐射设备的条件（称为豁免水平），具体条件见表 3-24。意味着处于豁免水平之下的电磁设施设备不必进行环境影响分析评价。

表 3-24　可豁免的电磁辐射体的等效辐射功率

设备类型及频率范围/MHz		等效辐射功率/W
没有屏蔽空间的电磁辐射设备	0.1~3	≤300
	>3~300 000	≤100
移动式无线电通信设备		≤15（输出功率）

②电离辐射

电离辐射也称为放射性辐射或核辐射，是由不稳定的原子核在分裂衰变过程中释放的各种高能量粒子组成的。电离辐射是一切能引起物质电离的辐射总称，其种类很多，高速带电粒子有α粒子、β粒子、质子，不带电粒子有中子以及 X 射线、γ 射线。影响人类的放射性辐射主要有三种，即α射线、β射线、γ射线（粒子）。

α射线是由氦原子核 ^4He 组成的粒子流。其质量大且带电荷多，但穿透物质的能力弱，射程也短，只要用一张普通的纸就能挡住。但如果进入人体，会造成危害性很大的内照射，因此在防护上要特别防止α发射体进入人体内。

β射线是由高速电子组成，是由原子核中的质子和中子互变时产生的。与α射线相比其有较大的穿透力，能穿透皮肤的角质层而使活组织受到损伤，但其很容易被有机玻璃、塑料或铝板等材料所吸收屏蔽。其内照射的危害也比α射线小。

γ 射线与 X 射线类似，也是由看不见的光子组成的，是不带电的波长很短（0.007~0.1 nm）的电磁波。其是原子核从被激发的较高能级跃迁到较低能级或基态时释放的能量。γ 射线的穿透力最强，能穿透 1 m 多厚的水泥墙，一个能量为 1 MeV 的γ 射线就足以穿透人体。因此，在外照射的防护中对γ 射线的防护最重要。但由于γ 射线是不带电的光子，不能直接引起电离，所以对人体内照射的危害要比α、β射线都小。

天然环境中存在着微量的电离辐射，来源于太阳、宇宙射线和在地壳中存在的放射性核素。从地下溢出的氡是自然界辐射的另一种重要来源。从太空来的宇宙射线包括能量化的光量子、电子、γ 射线和 X 射线。在地壳中发现的主要放射性核素有铀、钍和钋及其他放射性物质。它们释放出α射线，β射线或γ 射线。

人造辐射主要用于：医用设备（如医学及影像设备）；研究及教学机构；核反应堆及其辅助设施，如铀矿以及核燃料厂。诸如上述设施必将产生放射性废物，其中一些向环境中泄漏出一定剂量的辐射。放射性材料也广泛用于人们日常的消费，如夜光手表、釉料陶瓷、人造假牙、烟雾探测器等。锅炉及压力容器无损检测，常用

的指令源以 γ 源为信号源，射线拍片机发射 X 射线常用于金属内部探伤检测。

（2）辐射源强的估算

①电磁辐射源强估算

电磁辐射源强估算主要是弄清楚电磁辐射源的频率、功率、电场强度、磁场强度等特征参数，并判断是否在相关豁免水平以上。这些电磁辐射源的参数均应由建设单位委托的专业设计者提供，所以不存在环境影响评价机构额外的估算方法。若建设项目没有表 3-25 中规定的电磁辐射设备，可不必进行项目的电磁辐射源强分析估算。

表 3-25　常见放射性核素及其简要特性

核素	化学符号	原子序数	主要放射性同位素	半衰期	放射性核素来源	毒性
氢	H	1	^{3}H（氚）	12.3 a	天然或人工	低毒
碳	C	6	^{14}C	$573×10^3$ a	天然或人工	低毒
磷	P	15	^{32}P	14.3 d	天然或人工	中毒
钾	K	19	^{40}K	$1.28×10^9$ a	天然	低毒
钴	Co	27	^{60}Co	5.3 a	人工	高毒
镍	Ni	28	^{63}Ni	96.0 a	人工	中毒
氪	Kr	36	^{85}Kr	10.8 a	人工	低毒
锶	Sr	38	^{90}Sr	29.1 a	人工	高毒
锆	Zr	40	^{95}Zr	64.0 d	人工	中毒
钌	Ru	44	^{106}Ru	1.01 a	人工	高毒
碘	I	53	^{125}I	60.1 d	人工	中毒
			^{131}I·	8.04 d	人工	中毒
铯	Cs	55	^{137}Cs	30.0 a	人工	中毒
铈	Ce	58	^{144}Ce	284 d	人工	高毒
钷	Pm	61	^{147}Pm	2.62 a	人工	中毒
铱	Ir	77	^{192}Ir	74.0 d	人工	中毒
钋	Po	84	^{210}Po	138 d	天然	极毒
氡	Rn	86	^{220}Rn（钍射气）	55.6 s	天然	低毒
			^{220}Rn（镭射气）	3.82 d	天然	低毒
镭	Ra	88	^{226}Ra	$1.60×10^3$ a	天然	极毒
钍	Th	90	^{232}Th	$1.40×10^{10}$ a	天然	低毒
铀	U	92	^{234}U	$2.44×10^5$ a	天然	极毒
			^{235}U	$7.04×10^8$ a	天然	低毒
			^{238}U	$4.47×10^9$ a	天然	低毒

核素	化学符号	原子序数	主要放射性同位素	半衰期	放射性核素来源	毒性
钚	Pu	94	^{238}Pu	87.7 a	主要是人工	极毒
			^{239}Pu	$2.41×10^4$ a	人工	极毒
镅	Am	95	^{241}Am	$4.32×10^2$ a	人工	极毒
锎	Cf	98	^{252}Cf	2.64 a	人工	极毒

②电离辐射源强估算

电离辐射源强估算首先要识别出项目使用设备或原材料存在的放射源类型（核素名称、质量及放射出的粒子或射线种类），其次要弄清楚其放射性强度及其半衰期。

放射性活度是指单位时间内发生核衰变的数目，记作 A，$A=dN/dt=\lambda N$，单位是 Bq（贝可），1 Bq$=1$ s^{-1}，一般用来表示放射性核素的放射性强度。放射性活度与该放射源的质量及衰变系数相关。

放射性核素的半衰期是指该核素因衰变而减少到一半数量原子时所需的时间。放射源的半衰期和衰变系数资料均可查阅相关放射性核素基本文献资料获得。一些常见放射性核素半衰期见表 3-25。

8．污染源强分析汇总内容及要求

在进行各类型污染源强分析估算的基础上，一般还要对各种估算分析结果进行汇总并用表格形式表达出来，以便对项目产生与排放的各种污染物情况一目了然，同时也便于填写《建设项目环评审批基础信息表》。污染源强分析结果汇总的表格形式可以分为新建项目和改扩建项目两种，前者相对简单，后者相对复杂。

（1）新建项目污染源强分析汇总

新建项目的污染源强分析汇总内容相对简单，主要是列出项目各类型污染物的产生量、排放量及治理过程的削减量。一般把新建项目的污染物产生量和排放量俗称为污染源强的"两本账"。

注意：对于固体废物需要委托专门机构收运和处理处置的，其最终向环境的排放量应为"0"，所采用的环境保护措施是属于"区域平衡削减"；对于水污染物排入到区域集中式污水处理厂处理后排放的，其向环境的最终排放量应是该集中式污水处理厂处理后的排放浓度乘以本项目排入的废水量，所采用的环境保护措施也包含"区域平衡削减"。

项目的噪声、辐射等物理污染源强估算结果一般不纳入污染物源强汇总表内。

新建项目估算的源强数据最终要填在《建设项目环评审批基本信息表》（见附录五）的"拟建工程"和"总工程"栏下，因此要符合该表的注解对相关数据单位的要求。所以污染源强汇总表的数据要结合项目基本情况介绍中确定的项目每天生产时间和年生产天数，把前面估算的以小时或以天为单位的量换算为以年为单位的量。

表 3-26 是某新建水泥项目的污染源强估算结果汇总表的样表。

表 3-26　某新建水泥项目污染源强分析汇总一览（样表）

污染物＼类别	产生量	排放量	治理后削减量
废气量（标态）/（万 m³/a）	1 328 670	1 328 670	0
粉尘/（t/a）	391 306.33	332.625	390 973.71
SO₂/（t/a）	336.6	336.6	0
NO₂/（t/a）	2 389.622	2 389.622	0
废水/（万 m³/a）	9.94	0	9.94
COD/（t/a）	10.916	0	10.916
氨氮/（t/a）	2.405	0	2.405
工业固废/（万 t/a）	39.14	0	39.14
生活垃圾/（万 t/a）	0.005 4	0	0.005 4

注：1. 治理后削减量=产生量-排放量；
　　2. 相关指标的数据单位是《建设项目环评审批基础信息表》规定的单位。

例：某牛仔服装洗水企业有一台燃煤锅炉，烟气经碱液水膜除尘处理后达标排放，牛仔服装水洗废水经物化和二级生化处理后达标排放，全部固体垃圾废物均综合利用或委托处理，不外排到环境。经估算，烟气产生与排放量为 12 500 m³/h（标态），烟气中烟尘、SO₂、NO₂ 产生量分别为 125 kg/h、25 kg/h、6.5 kg/h，治理后排放量分别是 1.8 kg/h、11.2 kg/h、5 kg/h；废水产生与排放量为 1 500 m³/d，废水中 COD、SS 的产生量分别为 525 kg/d、750 kg/d，治理后排放量分别为 150 kg/d、90 kg/d；燃煤产生的灰渣约 3.6 t/d，水处理污泥约 6.6 t/d，其他生产垃圾约 1 t/d，员工生活垃圾约 0.15 t/d。该企业每天生产 12 h，年生产 300 d。请以 t/a 为单位绘制该项目污染源强分析汇总表。

分析：项目各种污染物估算结果的单位不统一，有的是 m³/h，有的是 kg/h，有的是 m³/d，有的是 kg/d，有的是 t/d，而且都不是以年为单位统计的。因此，需要把污染物的量统一换算为 t/a；废气量要换算为 万 m³/a，废水量要换算为 万 m³/a，固体废物量换算成 万 t/a。

换算：以 m³/h 为单位的应乘以系数 12 h×300 d/10 000=0.36（万 m³/a）；

　　　　以 kg/h 为单位的应乘以系数 12 h×300 d/1 000=3.6（t/a）；

　　　　以 m³/d 为单位的应乘以系数 300 d/10 000=0.03（万 m³/a）；

以 kg/d 为单位的应乘以系数 300 d/1 000=0.3（t/a）；

以 t/d 为单位的应乘以系数 300 d/10 000=0.03（万 t/a）；

绘制项目污染源强汇总表（"两本账"格式表）：

表 3-27　某新建牛仔服装制造项目污染源强估算汇总（样表）

类别 污染物	产生量	排放量	治理后削减量
废气量（标态）/（万 m³/a）	4 500	4 500	0
烟尘/（t/a）	450	6.38	443.52
SO₂/（t/a）	90	40.32	49.68
NO₂/（t/a）	23.4	18	5.4
废水/（万 m³/a）	45	45	0
COD/（t/a）	157.5	45	112.5
SS/（t/a）	225	27	198
工业固废/（万 t/a）	0.336	0	0.336
生活垃圾/（万 t/a）	0.004 5	0	0.004 5

（2）改扩建项目污染源强分析汇总

改扩建项目是指原地改建、扩建或技术改造，异地（迁建）改建、扩建或技术改造的项目。凡是改扩建项目，其建设内容一般都涉及对已经存在的现有工程内容的改动（以新带老）。因此，在工程分析时要先把现有工程项目的污染源强核定清楚，然后把计划改扩建部分（拟建工程）的污染源强估算出来，还要把拟建工程实施过程中顺带对现有工程的改动部分所削减掉的污染源强估算出来。一般把现有工程排放量、拟建工程排放量、"以新带老"削减量俗称为污染源强的"三本账"。

"现有工程"是指改扩建前已经批准合法建设或已建成投入运行的生产或服务设施。其中已投产运行的（简称"已建工程"）污染物排放情况核算应以实测结果平均值为主（若没有完整实测数据的，应要求建设单位委托进行全面系统的监测），一般采用项目竣工环境保护验收监测数据，并参考多年运行的抽样监测结果。若现有工程是已经批准但尚在建设阶段未投产运行的（简称"在建工程"），其污染物源强应采用经批准的现有工程项目环境影响评价文件中给出的污染物排放源强数据。

"拟建工程"是指准备新建、改建或扩建的生产或服务设施。该部分的源强估算应采用前述各种污染源的源强估算方法进行估算。若是扩建工程，扩建部分的内容与现有工程完全一致的，则污染物的产生与排放情况估算应类比该项目现有工程的实测平均数据，不应采用其他经验系数。

　　"以新带老"工程是指在准备建设的改建或扩建工程（即"拟建工程"）中顺带解决现有工程存在的环境问题的工程措施。其污染物削减量就是因这些措施使现有工程将会减少的污染物排放量。

　　例一：某企业把烟气不能达标排放的燃煤锅炉改造为燃烧柴油的锅炉，则老的燃煤锅炉是在新建柴油锅炉过程中给"以新带老"解决掉的，因此其污染物"以新带老"削减量就是现有燃煤锅炉烟气污染物排放量。

　　例二：某医院扩建住院楼，在建设扩建部分的污水处理设施时把该医院现有未深度处理达标的污水纳入进来一起处理达标后排放，则现有不达标排放污水到达标排放之间的差值属于"以新带老"工程削减的污染物排放量。

　　在列出改扩建项目污染源强"三本账"时，一般还要给出总工程的污染物排放量及项目改扩建完成后污染物的增减量。其结果应符合"增产不增污并尽量减污"的原则（即产品产量增加但单位产品的污染物排放量不能增加，且要尽量减少），以便推动项目建设单位在改扩建过程中推行清洁生产，加强对现有工程落后部分的改进，提高整体生产技术水平。

　　表 3-28 是某水泥扩建项目的污染源强估算的"三本账"表的样表。

表 3-28　某水泥扩建项目污染物产生与排放情况一览（样表）

项目	污染物	现有工程排放量	拟建工程			总工程		
			扩建项目产生量	扩建项目削减量	扩建项目排放量	"以新带老"削减量	项目总排放量	污染物排放增减量
废气	废气量（标态）/（万 m^3/a）	507 758	598 593.6	0	598 593.6	0	1 106 351.6	+598 593.6
	粉尘/（t/a）	218	269 705.9	269 453.7	252.2	31	439.2	+221.2
	SO_2/（t/a）	220.5	207.9		207.9	0	428.4	+207.9
	NO_x/（t/a）	1 424.3	1430	0	1430	0	2 854.3	+1 430
废水	废水量/（万 m^3/a）	0.42	57.32	57.32	0	0.42	0	−0.42
	COD/（t/a）	0.28	32.62	32.62	0	0.28	0	−0.28
	氨氮/（t/a）	0.08	3.24	3.24	0	0.08	0	−0.08
固废	工业固废/（万 t/a）	0	26.94	26.94	0	0	0	0
	生活垃圾/（万 t/a）	0	0.002 6	0.002 6	0	0	0	0

注：项目总排放量=现有工程排放量＋拟建工程排放量−"以新带老"削减量。

　　绘制改扩建项目污染源强估算结果汇总表也要和绘制新建项目污染源强汇总表一样，注意数据的单位应和《建设项目环评审批基础信息表》的要求相衔接，把各种核算与估算的结果结合项目的生产时间（每日生产小时数和每年的生产天数）换算为以年统计的量。

　　例：某风景名胜旅游区一酒店因客源暴涨计划扩建一栋客房建筑，总客房床位由250个各扩大到450个，并计划把原来用于提供热水和消毒蒸汽的燃烧柴油的2 t/h蒸汽锅炉改为燃烧管道天然气的4 t/h锅炉，把原来仅达到三级排放标准的污水处理设施改扩建到能够处理污水达到一级排放标准。

　　经核算，现有工程的锅炉烟气产生与排放量是 4 000 m^3/h（每天运行 16 h），烟尘、SO_2、NO_2 的排放量分别是 0.32 kg/h、0.16 kg/h、0.96 kg/h；酒店生活污水产生与排放量平均为 280 m^3/d，主要污染物 COD、BOD、氨氮的排放量分别为 84 kg/d、50.4 kg/d、16.8 kg/d；生活垃圾每天产生 0.25 t。

　　经估算，扩建的客房产生污水 200 m^3/d，废水中主要污染物 COD、BOD、氨氮的产生量分别为 80 kg/d、55 kg/d、12 kg/d；改造现有柴油锅炉为天然气锅炉后，烟气量为 7 600 m^3/h，烟尘、SO_2、NO_2 的产生与排放量是 0 kg/d、0.02 kg/d、1.52 kg/d；改造生活污水治理设施后，污染物 COD、BOD、氨氮的排放浓度分别由 300 mg/L、180 mg/L、60 mg/L 下降到 60 mg/L、20 mg/L、5 mg/L。请绘制本项目污染源强分析汇总表。

　　分析：扩建客房过程中有两项"以新带老"工程，一是用天然气锅炉代替原来的柴油锅炉，二是用能够治理达到一级排放标准的污水治理设施代替原来只能达到三级排放标准的污水治理设施。

　　估算"以新带老"削减量：柴油锅炉被完全替代，因此烟气及其污染物的"以新带老"削减量等于现有柴油锅炉烟气及其污染物的排放量；改造污水治理设施后污水中主要污染物 COD、BOD、氨氮的排放浓度分别下降 240（= 300−60）mg/L、160（= 180−20）mg/L、55（= 60−5）mg/L 后，会使现有工程的水污染物排放量减少如下：COD= 240×280÷10^3=67.2 kg/d，BOD=160×280÷10^3=44.8 kg/d，氨氮=55×280÷10^3=15.4 kg/d。

　　有关单位换算系数：酒店服务一般全年 365 d 都营业，因此年生产天数应是 365 d；旅游酒店一般每天都要时刻提供热水，但蒸汽消毒每天只进行一次，因此锅炉的每天运行时间一般不会超过 16 h。因此，原来数据中以天（d）为统计量的换算为年（a）统计量应乘以 365，以小时（h）为统计量的应乘以 5 840（=16×365）。有关 kg、t、m^3 等单位均应参照样表要求换算为 t（或万 t）、万 m^3。

　　绘制项目污染源强汇总表（"三本账"格式表）：

表 3-29　某旅游酒店扩建项目污染源强估算汇总（样表）

项目	污染物	现有工程排放量	扩建项目产生量	扩建项目削减量	扩建项目排放量	"以新带老"削减量	项目总排放量	污染物排放增减量
废气	锅炉烟气量（标态）/（万 m³/a）	2336	4 438.4	0	4 438.4	2 336	4 438.4	+2 102.4
	烟尘/（t/a）	1.87	0	0	0	1.87	0	−1.87
	SO₂/（t/a）	0.93	0.12	0	0.12	0.93	0.12	−0.81
	NOₓ/（t/a）	5.61	8.88	0	8.88	5.61	8.88	+3.21
废水	生活污水量/（万 m³/a）	10.22	7.3	0	7.3	0	17.52	+7.3
	COD/（t/a）	30.66	29.20	24.82	4.38	24.53	10.51	−20.15
	BOD/（t/a）	18.40	20.08	18.62	1.46	16.35	3.51	−14.89
	氨氮/（t/a）	6.13	4.38	4.02	0.36	5.62	0.87	−5.26
固废	生活垃圾/（万 t/a）	0	0.009 1	0.009 1	0	0	0	0

五、项目生态影响因子分析

1．项目生态影响主要内容

（1）生态环境保护基本原理

生态环境保护是指要保护和改善与人类永续生存与发展密切相关的动植物资源、水资源、土地资源、气候资源、人文资源等构成的有机系统（称为生态系统），确保它们朝有利于人类生存与发展的方向运行。人类的各种开发建设活动都要遵循生态系统的运行规律，做到人与自然的和谐相处。

（2）生态影响工程分析原则

①工程内容介绍要体现生态影响特征

除了介绍工程类型及规模、项目组成外，还要侧重介绍项目占地规模、总平面及现场布置、施工方式、施工时序、运行方式、替代方案。

②工程分析时段要涵盖所有过程

应涵盖项目的勘察期（选址选线过程）、施工期、运营期和退役期。但以施工期和运营期为调查分析重点。

③把握重点，关注重大生态影响的工程行为

应根据项目自身特点和区域生态特点及评价项目与影响区域生态系统的相互关系，确定工程分析的重点，分析生态影响的源及其强度。主要包括：

A．可能产生重大生态影响的工程行为；

B．与特殊生态敏感区和重要生态敏感区有关的工程行为；

C．可能产生间接、累积生态影响的工程行为；

D．可能造成重大资源占用和配置的工程行为。

（3）生态影响识别

对开发建设项目生态影响的识别，就是分析项目的建设过程和运行过程乃至退役过程可能对生态系统构成因素造成干扰或破坏的各种影响因子（简称生态影响因子）。生态系统构成因素及其可能的影响因子和影响来源归纳如表 3-30 所示。

表 3-30　生态系统构成因素及其影响因子和影响来源

序号	构成因素	衡量指标	影响因子	影响来源
1	动植物资源	物种多样性，珍稀物种，生物量，森林覆盖率，自然保护区，生态功能级别	破坏植被、污染动植物生存与生长的环境、阻扰动植物栖息繁衍和迁徙的通道	施工破坏，运行时排放有毒污染物，建成后形成隔断或干扰
2	土地资源	可用土地类型及规模，土地荒漠化、沙化、盐碱化程度	临时或永久占用土地、造成土地功能退化或水土流失	施工临时用地、项目永久用地
3	气候资源	降雨量及其分布规律、日照量及其分布规律	改变局地气候规律、造成整个地球温室效应和臭氧层空洞	改变下垫面水陆面积分布关系、排放温室气体和破坏臭氧的气体
4	水资源	地表水可利用量、地下水可利用资源量、水流水力规律	使水资源减少甚至枯竭、改变水流规律造成泥沙淤积或地质灾害	过度利用地表水或地下水、排放有毒污染物
5	人文资源	景观名胜、文物古迹、民族文化传统	破坏景观、破坏或污损文物古迹、干扰或破坏民风民俗	建筑物阻碍景观，施工破坏景观或古迹、占用或破坏民俗古物

2．生态影响因子分析方法

根据上述生态影响识别的内容，项目生态影响因子要结合项目所处环境的生态环境特征和项目特征两方面的内容才能确定。因此，生态影响因子分析常采用矩阵法进行识别。矩阵法通用格式如表 3-31 所示。

表 3-31　建设项目生态影响因子识别表（通用模板）

项目特征 ＼ 生态环境特征	动植物资源指标			土地资源指标			气候资源指标			水资源指标			人文资源指标		
	1.	2.	…	1.	2.	…	1.	2.	…	1.	2.	…	1.	2.	…
施工期　1.															
施工期　2.															
…															
运行期　1.															
运行期　2.															
…															
退役期　…															

在针对具体项目的生态影响因子分析时，要在调查项目所处环境的具体生态特征基础上结合项目具体工程特征简化上述表格。当项目影响的生态环境范围很大时（如长距离高速公路），可以分区段和分因素进行识别。表 3-32 就是某房地产开发项目的生态影响因子识别分析结果。

表 3-32　某房地产开发项目生态影响因子识别表（样表）

项目特征因子 ＼ 生态环境特征因子		动植物资源指标		土地资源指标		人文资源指标
		植被覆盖和生物量	生态限制功能区	土地类型	水土流失等地质灾害	海岸景观
施工期	土地平整	破坏、减少	部分占用	占用林地	增加	破坏自然景观
	边坡工程护坡			占用林地	减少	
	空地绿化	恢复和增加			防止	改善景观
运行期	建筑物及道路		部分占用	占用林地	减少	阻挡自然景观
	小区绿化			恢复林地	防止	改善景观

3．典型生态影响型项目生态影响因子分析

（1）一般工程项目

①生态影响来源

一般工程项目主要是指用地相对集中，全部开发建设和生产经营活动基本在用地范围内进行的项目，因此主要是施工过程的生态植被破坏和运行期的永久占地造成的生态影响。

②生态影响因子

施工过程要破坏原有土地上的生态植被，造成生物量损失，大面积的施工破坏还可能影响物种多样性及珍稀物种的生存，影响生态系统结构的稳定性。如果是在山坡地施工可能会造成严重水土流失。

项目运行永久占地会消耗土地资源，如果该土地属于我国紧缺的农用耕地和生态公益林地，则会影响我国人民的基本生存和发展。

除此之外，工业项目则可能在运行期因长期排放（即使是达标排放）有毒污染物的累积，对动植物生长栖息和繁衍环境带来影响；大量取水用水项目（如造纸、印染工业）则可能对水资源合理利用（特别是在水资源稀缺地区）带来严重影响；建在风景名胜区或其附近的项目则有可能对名胜古迹景观造成阻碍甚至污损和破坏。

（2）交通项目

①生态影响来源

交通项目主要是铁路、高速公路和普通公路项目的建设和运行的生态影响较大。主要是工程施工期长且施工过程临时占地较多，因穿越地区的生态环境复杂变化而带来多种多样的生态影响。

②生态影响因子

选线对生态敏感区（如自然保护区、风景名胜区、生态严控区）的占用（影响其生态功能发挥）、隔断（影响动植物系统自然循环廊道）。

施工过程大量临时占地造成的植被破坏（生物量损失）、水土流失和土地功能退化。

运行期长期占用大量土地资源，特别是长距离交通项目难以避免地要占用耕地、生态公益林地等稀缺土地资源。

运行期还对所经过的生态敏感区的动物正常栖息、繁衍和迁徙造成显著噪声干扰。

（3）水利水电项目

①生态影响来源

水利水电项目主要是工程施工期长，施工过程临时占地也很多；工程建成后显著改变下垫面水陆分布状态，显著改变上下游水文动力条件。

②生态影响因子

选址对生态敏感区（如珍稀水生物种栖息繁衍场和通道）的占用和隔断。

施工过程大量临时占地造成植被破坏（生物量损失）、水土流失和土地功能退化，同时大量干扰施工水域的水质水流状况，影响水生物种的正常栖息、繁衍和迁徙。

运行过程因显著改变水陆面积分布，影响局地气候循环规律造成局部气候异常；同时淹没部分陆地会造成生物量损失和土地资源占用，还可能影响人文古迹遗存，增加沿岸地质灾害隐患。

运行过程因显著改变上下游水文动力条件，显著改变了水生生态系统外部条件，会造成水生物种结构变化，甚至改变整个生态系统结构。

（4）矿山开采项目

①生态影响来源

矿山开采有金属矿开采、非金属矿开采和石材矿开采三大类。三者共同特征是在开采过程中造成大量植被破坏和水土流失。所不同的是，金属矿和非金属矿开采还会带来坑道和尾矿渣废水污染，影响地下水、地表水资源的利用，大量的尾矿渣堆积还会形成泥石流等地质灾害隐患。

②生态影响因子

选址可能对生态敏感区（如地质公园、森林公园、生态严控区）造成占用。

开采过程破坏植被造成生物量损失和水土流失，也会临时占用林地资源。

除石材矿（建筑石材和水泥、石灰、石膏原料矿）外，开采过程可能带来有毒废水污染，影响地下水和地表水资源的利用，退役过程还可能因尾矿渣渗滤废水继续影响地下水或地表水资源利用，另外还可能形成泥石流地质灾害隐患。另外，矿山开采及退役过程均会造成自然景观破坏。

六、项目布局合理性分析

1．布局合理性分析主要内容

项目布局合理性分析主要从环境保护角度出发分析项目布局（包括平面布局和竖向布局，主要是平面布局）在节约资源、保护生态、减少污染方面的合理性。分为对外环境关系合理性分析和对内环境关系合理性分析两大类。

项目布局与外环境关系合理性主要是从保护生态、减少污染角度出发进行分析；项目布局与内环境关系合理性则主要从节约和合理利用资源与能源、减少对内部环境敏感目标（如员工宿舍）的污染角度出发进行分析。

2．与外环境关系合理性分析

（1）卫生防护距离及大气防护距离保证性分析

主要依据国家有关卫生防护距离标准和相关技术规范，分析厂区内无组织废气排放源、高噪声排放源和环境风险源与周围环境敏感目标之间所定卫生防护距离的可靠性和应对措施。在条件允许的情况下，应首先尽可能调整建设项目相关构筑物及生产设施的布局位置，使周边环境敏感目标符合相关防护距离要求；在万不得已的情况下才考虑针对外环境敏感目标的处置。分析时应给出项目总图布置与外环境关系图。

对于报告表项目可用简易的带有平面布局的项目四至图表达项目布局与外环境的关系。对于编制报告书的项目，则应专门另外绘制项目布局与外环境关系图。图中应标明：

①保护目标与建设项目的方位关系；

②保护目标与建设项目的距离；

③保护目标（如学校、医院、集中居住区、生态敏感区等）的内容与性质。如有卫生防护及大气防护要求的项目，图上还要画出卫生防护、大气防护范围的红线。

图3-9就是某个报告书项目的平面布局与外环境关系图样图。

图3-9　某项目平面布置与外环境关系图（样图）

（2）分析对周围环境敏感点处置措施的合理性

当经过最大可能性调整项目的有关无组织排放源、高噪声源、环境风险源的位置布局后，外环境相关环境敏感目标仍然在项目必须设置的卫生防护、大气防护等防护距离内时，就必须考虑对外环境敏感目标进行有针对性的合理处置。

对于受项目大气污染影响的目标则只能采取搬迁措施，使之远离无组织排放源；对于只受项目高噪声影响的目标则可以在项目边界附近或敏感目标附近设置防护墙、隔声窗等措施降低影响；对于受项目环境风险源（易发生爆炸、火灾、泄漏）影响的目标，则要视敏感目标性质情况分别采取搬迁（不可能紧急撤离的医院、监狱等）、设立应急撤离报警联动机制（对一般居民和文教办公人员）或应急替代方案

（如饮用水应急供水方案）等措施。

（3）分析外环境污染对项目布局的限制性

有些建设项目本身是对周围环境污染源比较敏感的（如住宅小区、医院、学校等项目），这时就要分析项目布局是否尽可能考虑了避开周围的污染源。

例：住宅小区项目就要分析小区布局是否把住宅、幼儿园等敏感建筑避开了项目周边的道路、工厂、变电站等污染源。

3．与内环境关系合理性分析

根据气象、水文等条件，结合项目内部各目标的性质，分析项目内部平面布局的合理性，必要时提出调整建议。在充分掌握项目建设地点的气象、水文和地质资料的条件下，认真考虑这些因素对污染物扩散特征的影响，合理布置污染产生源与办公、生活设施之间的位置关系，尽可能降低对内部办公生活环境的不利影响。例如，房地产居住小区项目内的垃圾收集暂存设施在布局时就应该尽量远离住宅、幼儿园、会所等主要生活设施，同时要考虑当地气象主导风向和次主导风向，避免处于上风向位置。

同时要分析是否充分考虑了项目内部现有的地形地貌条件及建筑物高度差异，合理布局生产流程路径，借助自然重力作用减少动力消耗和能源消耗。例如，某水泥厂项目用地是北高南低，在设计布局时，就要把物料堆场安排在北部，生产线沿南北方向布局，这样可以使物料进入生产线过程能够借助位置落差的自然重力，减少物料输送带电机的用电负荷，从而减少能源消耗。

七、环保措施简介

工程分析中应对建设项目拟采用的环保措施进行介绍和必要的分析，分两个层次，首先对建设单位在项目可行性研究报告等相关文件中提出的环境保护措施进行基本原理介绍，并简单分析其能否满足达标排放和总量控制等基本要求；其次，若建设单位所提供的措施有的不能满足相关环境保护要求时，则需要提出切实可行的改进完善建议或替代方案。

1．废水、废气、噪声治理措施

废气、废水治理措施简介一般要求给出污染治理工艺流程图，说明是否符合项目产生的废气、废水的污染特征，分析判断能否满足达标排放及总量控制要求。

噪声治理措施简介一般只需要给出其名称和降噪效果，然后结合其位置分析是否满足边界噪声达标排放要求。

（1）常用的废水治理措施

①废水处理方法

废水的工程处理方法按其作用原理可分为物理法、化学法、物理化学法和生物法四大类。

物理法是利用物理作用来进行处理的方法，主要用于分离去除废水中不溶性的悬浮污染物。在处理过程中废水的化学性质不发生改变。主要工艺有重力分离、过滤、气浮、离心分离等，使用的处理设备和构筑物有沉砂池、沉淀池、气浮装置、离心机、旋流分离器等。

化学法是指向污水中投加某种化学物质，利用化学反应来分离、回收污水中的某些污染物质，或使其转化为无害物质的方法。常用的方法有化学沉淀法、混凝法、中和法、氧化还原法（包括电解）等。

物理化学法是利用萃取、吸附、离子交换、膜分离技术、汽提等操作过程，处理或回收利用工业废水的方法。

生物处理法是利用微生物新陈代谢功能，使污水中呈溶解和胶体状态的有机污染物降解并转化为无害物质，使污水得以净化的方法。常见的有活性污泥法、生物膜法、厌氧生物硝化法、稳定塘及湿地处理等。

②废水的处理工艺

按照处理程度，废水处理工艺可以分为一级处理（含预处理过程）、二级处理和三级处理。

（2）常用的废气治理措施

大气污染物按存在状态可分为颗粒污染物和气态污染物两大类。颗粒污染物是指大气中除气体外的物质，包括各种各样的固体、液体和气溶胶，比如粉尘、烟等。气态污染物是大气中气体状态的污染物，以分子状态存在，比如二氧化硫、氮氧化物、一氧化碳等。

①颗粒物的净化技术

颗粒物净化技术又称为除尘技术，是将颗粒物从废气中分离出来并加以回收的操作过程。从废气中去除粉尘的设备，称为除尘（集尘）装置或除尘（集尘）器。

除尘装置种类繁多，根据其除尘主要机理，除尘装置可分为机械除尘、湿式除尘、袋式除尘及静电除尘四类。

②气态污染物的净化技术

气态污染物种类繁多，特点各异，因此采用的净化方法也不相同。常用的方法有吸收法、吸附法、催化法、冷凝法、膜分离法、电子束照射净化法和生物净化法。

（3）常用的噪声治理措施

噪声治理措施应主要考虑从声源上降低噪声和从噪声传播途径上降低噪声两个环节。

①从声源上降低噪声

从声源上降低噪声是指将发声大的设备改造成发声小的或不发声的设备，其方法包括：改造机械设备结构，改进操作方法，提高零部件的加工精度、装配质量等。

②从传播途径上降低噪声

从噪声传播途径上降低噪声是一种常见的噪声防治手段，其方法包括：（i）在总体设计时，就考虑噪声声源的合理布局问题；（ii）利用地形和声源的指向性降低噪声；（iii）利用绿化降低噪声；（iv）采用声学控制手段，如吸声、隔声、消声、阻尼、隔振等。

2．固体废物处理与处置

固体废物环境保护措施简介应根据固废性质分类，依据国家和地方有关固废管理的法律法规和标准规范，提出相应处理处置对策。

建设单位计划自行处理后利用的，应给出详细的工艺流程图及其工艺说明，委托他人处理处置的，应根据固废的性质给出相应收运和处理处置单位的资质要求。

固废（特别是危险固废）在项目内部暂时存放期间也要依据相关规范和标准采取防止泄漏、渗漏、火灾、爆炸等污染的相关措施。

根据固体废物污染控制的原则和常用的处置方法，可结合项目产生的固废的性质特点，从以下几个方面考虑相关对策。

（1）资源化处置

包括一般工业固体废物的再利用及有机固体废物堆肥技术和危险废物（或严控废物）有效成分的回收利用。

一般工业固体废物主要包括煤渣煤灰、煤矸石、锅炉渣、钢渣、尘泥等，这些废物只要进行适当调配即可加工生产水泥等多种建筑材料。

有机固体废物（食物残渣、农作物秸秆、水浮莲）堆肥技术则是对固体废物进行稳定化、无害化的重要方式之一，也是实现固体废物资源化、能源化的系统技术之一。

高端机械润滑废机油（如汽车、飞机用过的废机油）可以经过净化回收有效成分成为低端机械润滑油产品（如机床、船舶用润滑油）；饮食业产生的废食用油（地沟油）可以回收加工生产为生物柴油燃料。

（2）焚烧处理——垃圾发电

焚烧方法适宜处置有机成分多、热值高的垃圾类废物。当可燃有机物组分很少时，需要补加大量的燃料，这会使运行费用增高，经济可行性存在一定的问题。当垃圾中含有有机氯苯环高分子聚合物时，焚烧过程要注意采用先进技术防止产生二噁英二次污染。

（3）填埋处理——卫生填埋和安全填埋

填埋技术是利用天然地形或人工构造，形成一定空间，将固体废物填充、压实、覆盖达到贮存目的。填埋处置是固体废物最终归属或最终处置并且是保护环境的重要手段。填埋过程及封场后应注意防止渗滤废水和反应废气的二次污染。

3．辐射防护措施

（1）电磁辐射防护措施

对非电离的电磁波辐射进行控制通常采取以下三个方面措施：

①从辐射源头上进行控制

通过优化电路设计、配线分离（包括含接地线的线路板设计），提高高压供电设备离地高度等措施，降低对人们活动范围的辐射强度。

②设置安全防护距离

针对根据电磁场强度在传播过程中随距离的加大而减弱的原理，可以采取远离辐射源的方法，使工作地点位于辐射强度最小的地方，避免在靠近辐射源的正前方一定距离范围内工作或停留。

③屏蔽防护与个人防护相结合

在无法远离电子产品和电磁辐射环境的情况下，人们可以采用有效吸收屏蔽方法，将电磁能量限制在规定的空间内，阻止其传播扩散；另外，人们也可以穿戴专用的防护衣帽和眼镜，加强对自己的内脏系统、泌尿生殖系统和眼部的防护。

（2）电离辐射（放射）防护措施

电离辐射放射粒子（射线）都有较强的穿透性，而且连续不断，但也有作用距离短的特点。因此，针对这些特点放射性防护措施主要有以下三个方面：

①时间防护

由于人体受放射线照射剂量除了与放射源强度相关外，还与受照射时间相关。当照射安全剂量确定的情况下，在放射源附近工作时间长短就决定人体是否受到放射性污染。因此，规定一段时期内工作人员或其他人员接触特定放射源的累积时间长度，可确保受照射剂量在安全范围。

②距离防护

与普通电磁辐射源一样，放射源强度在传播过程中随距离的加大而显著减弱，因此可以采取远离辐射源的方法。所不同的是放射源一般没有固定方向，在没有屏蔽设施情况下基本上向四周同等强度辐射能量。

③屏蔽防护

在放射源与人体之间放置一种合适的屏蔽材料，利用屏蔽材料对射线的吸收来降低外照射剂量。针对α射线、β射线和γ射线的防护，分别为：

A．α射线的防护

α射线穿透力弱、射程短。因此，用几张纸或薄的铝膜即可将其吸收，或用封闭+手套来避免进入人体表及体骨造成辐射。

B．β射线的防护

β射线穿透力比α射线强，但较易屏蔽。常用原子序数低的材料，如铝、有机玻璃、烯基塑料等。

C．γ射线的防护

γ射线穿透力很强，危害极大。常用高密度物质来屏蔽。考虑经济因素，常用铁、铅、钢、水泥和水等材料。

除此之外，对放射源的监控管理还要遵守我国核辐射管理的相关规定，做好相关使用、报废封存、转移等过程的登记汇报工作。

4．生态保护与修复措施

建设项目生态减缓措施和生态保护措施是生态影响评价工作成果的集中体现，是生态环境影响评价的最终目的之一，也是环境影响报告的精华所在。在工程分析中介绍项目生态保护措施时，重点是介绍项目在选址选线过程采取的避让措施、施工过程采取的维护措施、运营及退役过程采取的修复或替代措施。常用的生态保护措施如下：

（1）制订生态防护措施的原则

生态影响的防护与恢复措施应遵循以下原则：

①凡涉及特殊生态敏感区的，会发生不可逆影响时，应尽可能采取避让措施，迫不得已需要占用的，应提出切实可靠的补救措施和方案。

②凡涉及重要生态敏感区的，应尽可能减少占用，并提出恢复或修复方案。

③对于再生周期较长恢复速度较缓慢的自然资源地区，必须制订恢复和补偿的措施和进度计划。

④对于普遍存在的再生周期短的资源损失，当其恢复的基本条件没有发生逆转时，不必制订补偿措施。

（2）减少生态影响的工程措施

减少生态影响的工程措施主要是为防止水土流失和泥石流等地质灾害而建设的保护斜坡、保护堤岸、挡土、疏水等用途的建筑工程，以及提供给野生动物迁徙的专用通道工程。

（3）减少生态影响的管理措施

从工程项目自身的合理选址、合理工程设计方案、合理施工建设方式和有效的管理出发来减少生态环境影响是最有效的方法。主要包括：①合理选址选线；②工程方案分析优化；③施工方案分析与合理化建议；④加强工程的环境保护管理。

（4）合理化植被绿化修复

绿化过程中应坚持采用乡土物种、生态绿化、因土种植、因地制宜的原则，有明确的目标、措施、实施计划及方案管理。

（5）不仅要生态补偿，还要生态建设

在生态环境已经相当恶劣的地区，为保证建设项目的可持续运营和促进区域的可持续发展，开发建设项目不仅应该保护、恢复、补偿直接受影响的生态系统及其环境功能，而且需要采取改善区域生态、建设具有更高环境功能的生态系统的措施。

【思考与练习】

1. 建设项目工程分析一般包含哪些步骤和内容？

2. 采用类比分析法进行工程污染源强估算时要注意些什么？

3. 项目概况介绍与分析有哪些内容？为什么说它是工程分析的基础？

4. 项目组成表一般要包含项目的哪些工程的内容？员工宿舍一般在项目组成中属于什么内容？

5. 某燃煤发电项目日用煤 3 200 t，煤的平均含硫量为 0.75%，其中可燃硫占 82%，燃煤在煤粉锅炉充分燃烧后产生的烟气经干式石膏法脱硫处理（脱硫率 91%）后排放。请估算项目每天排放的 SO_2 量，并绘制项目硫平衡图。

6. 某化学品生产企业日用水 2 000 m^3，其中员工 500 人（每人每天生活与办公用水 200 L），生产化学品用水 1 850 m^3（其中进入产品的水 1 230 m^3）。请计算厂区绿化用水量及生活污水、生产废水的产生量，并绘制项目水平衡图。

7. 某水泥企业具有以下设备，请根据资料估算运行时的噪声源强大小：岩石锤式破碎机、煤粉球磨机、生料辊式磨机、窑炉大型鼓风机、余热汽轮发电机、备用柴油发电机。

8. 某印制电路板制造项目有下列固体废物产生，请依据国家《危险废物名录》和广东省的《严控废物名录》的规定，确定它们是危险废物、严控废物还是普通废物，并给定它们的处理处置建议方式：覆铜板边角料，环氧树脂基版边角料，化学蚀刻废液（含铜），镀金含氰废液，硫酸、硝酸及氨水的包装空桶，不合格电路板成品，生产废水处理污泥，生活垃圾。

9. 某企业从市电 10 kV 供电线路取电，并在厂区建设低压配电站供电，分别是 380 V 的工业用电和 220 V 的办公照明及生活用电。另外还在办公楼顶设置功率 30 W 的手机信号转发基站。请根据以上情况判断项目的相关电磁辐射设备是否纳入环境影响评价范围。

10. 广东计划建设某段山区高速公路，其设计线路必须穿越广东省划定的生态严控区及国家级自然保护区。请根据生态影响因子分析方法及制订生态环保措施原则，分析出项目生态影响因子，提出有针对性的有效的生态保护措施。

实训五 绘制项目组成表及平面布局图

实训目的：

学会根据建设单位提供的项目内容资料，按照规范格式编制项目组成表；根据项目布局文字描述内容和项目红线图，绘制项目简易的平面布局图。

实训学时安排： 2 学时。

实训场地要求： 电脑机房或个人手提电脑。

实训工具材料：

1. 实际建设项目的项目建设内容资料（电子版）；

2. 实际建设项目的用地红线图（扫描电子版）和平面布局文字描述资料；

3. 实训记录表（电子版）。

实训方法： 由学生根据教师给定的项目建设内容资料、红线图资料和平面布局文字资料，独立用电脑完成。

实训步骤：

第一步　按照教材给定的规范要求和样例先建立一个项目组成表的空表。

第二步　根据项目建设内容资料确定项目主体工程的内容及规模，并把它们填写在组成表的相应栏内。

主体工程是指项目生产产品或经营服务的核心设施。

第三步　根据项目建设内容资料确定项目辅助工程的内容及规模，并把它们填写在组成表的相应栏内。

辅助工程是指确保项目主体工程正常运行的必需配套的生产性辅助设施。

第四步　根据项目建设内容资料确定项目公用工程的内容及规模，并把它们填写在组成表的相应栏内。

公用工程是指供项目厂区内所有设施使用的设施，一般指供电、供水等设施。

第五步　根据项目建设内容资料确定项目环保工程的内容及规模，并把它们填写在组成表的相应栏内。

环保工程是指项目用来治理废气、废水、噪声等污染的设施和设备。

第六步　根据项目建设内容资料确定项目储运工程的内容及规模，并把它们填写在组成表的相应栏内。

储运工程是指项目用来运输和储存原辅材料和产品的设施和设备。

第七步　根据项目建设内容资料确定项目配套设施的内容及规模，并把它们填写在组成表的相应栏内。

配套设施专指项目边界内用于工作人员办公、食宿和娱乐的设施。

第八步　根据项目红线图及平面布局文字描述资料，绘制项目简易平面布局图。要注意对图上的相关标志符号进行标注。

实训记录：（本项目实训结果应以电子版方式提供给教师。）

<h3 style="text-align:center">绘制项目组成表及平面布局图实训记录表</h3>

实训人员：班级：_____　姓名：_____　学号：_____

实训地点：_____　实训日期：_____年___月___日

实训结果：

一、项目组成表（电子版）

二、项目平面布局图（电子版）

实训六 绘制项目生产工艺及产污环节图

实训目的：

学会根据建设单位提供的项目内容资料，按照规范格式绘制项目工艺流程图；学会根据项目污染产生来源分析结果，在工艺流程图上标出产污环节。

实训学时安排： 2 学时。

实训场地要求： 多媒体课室、电脑机房和个人手提电脑。

实训工具材料：

1. 实际建设项目的项目生产工艺流程文字描述资料（电子版）；
2. 教师对项目的污染产生来源的分析结果文字描述资料；
3. 实训记录表（电子版）。

实训方法：

由学生根据教师给定的项目生产工艺流程描述资料和污染产生来源文字描述资料，独立用电脑完成。

教师一般要安排一个简单项目和一个复杂项目的资料供学生训练练习。

实训步骤：

第一步 参照教材给定的工艺流程样例结合项目工艺流程描述情况，先绘制出项目生产工艺流程图。

第二步 根据项目污染来源分析结果资料，在工艺流程图上画出产污环节。

注意：标注产污环节不仅要标出产生污染的位置，还要标出相应污染的种类（可用代号标注，但要有图例进行说明）。

实训记录：（本项目实训结果应以电子版方式提供给教师。）

项目生产工艺及产污环节图的绘制实训记录表

实训人员：班级：_____ 姓名：_____ 学号：_____

实训地点：_____ 实训日期：_____年___月___日

实训结果：

项目生产工艺及产污环节图（电子版）

实训七　估算生活污水污染物产生与排放量

实训目的：

　　学会根据建设单位提供的项目有关生活污染来源基本情况资料，利用广东省生活用水估算相关经验参数，估算项目生活污水及其主要污染物产生量、排放量和浓度；学会绘制项目水平衡图。

实训学时安排： 2 学时。

实训场地要求： 电脑机房或多媒体课室。

实训工具材料：

　　1. 教师给定实际建设项目生活污染来源的基本情况资料；

　　2. 教材给出的广东省生活用水估算经验参数；

　　3. 科学计算器、机房电脑；

　　4. 实训记录表。

实训方法：

　　由学生根据教师给定的项目生活污染来源的基本情况资料，从教材中选用合适的经验参数先估算出项目各类生活用水量，然后选择相关参数估算生活污水量及其主要污染物产生与排放浓度、产生与排放量。

实训步骤：

　　第一步　根据项目生活污染来源的基本情况资料选择生活用水估算参数。

　　注意：不同使用类型，其用水量参数是不同的。

　　第二步　估算项目各类生活用水量及生活污水产生量。

　　第三步　根据各类用水量及废水量绘制项目水平衡图。

　　第四步　估算各类生活污水中主要污染物种类。

　　注意：不同使用方式，生活污水中主要污染物种类有所差别。

　　第五步　类比估算各类生活污水中的污染物的产生浓度。

　　注意：不同使用方式，同样的污染物，其浓度会有所差别。

　　第六步　估算生活污水中污染物的产生量和处理后排放浓度及排放量。

　　注意：各类生活污水可以汇总后统一处理，污染物排放量应以汇总后的总排水量及其排放浓度为基础计算。

实训记录：（本项目实训结果以纸质版方式提交。）

估算生活污水污染物产生与排放量实训记录表

实训人员：班级：_____ 姓名：_____ 学号：_____

实训地点：_____ 实训日期：_____年___月___日

实训结果：

一、项目各类生活用水量估算参数选择结果。

二、项目各类生活用水量及生活污水量估算结果。

三、根据第三步估算结果，绘制项目水平衡图。

四、项目各类生活污水中主要污染物种类及其浓度类比估算结果。

五、项目排放生活污水中污染物的浓度及排放量估算结果。

实训八　估算锅炉大气污染物产生与排放量

实训目的：

　　学会根据建设单位提供的项目使用锅炉情况资料，利用锅炉大气污染物核算相关经验公式估算出锅炉烟气产生量、主要污染物产生、排放量和浓度。

实训学时安排： 2 学时。

实训场地要求： 电脑机房或多媒体课室。

实训工具材料：

　　1. 教师给定实际建设项目使用的锅炉的基本情况资料；

　　2. 教材给出的锅炉大气污染核算经验公式；

　　3. 科学计算器；

　　4. 实训记录表（A4 幅面纸质版）。

实训方法：

　　由学生根据教师给定的项目使用锅炉的基本情况资料，从教材中选用合适的经验公式进行估算。

实训步骤：

　　第一步　根据锅炉燃料类型及相关资料选择估算锅炉烟气量的合适公式。

　　第二步　根据项目燃料消耗量及相关热值参数，估算理论空气需要量。

　　注意：燃料热值应使用其低位发热值。

　　第三步　根据燃料类型及锅炉燃烧类型，估算实际空气需要量（烟气量）。

　　注意：不同燃料及锅炉燃烧类型需选择不同的估算公式及其空气过剩系数。

　　第四步　根据燃料成分比例、烟气治理效率，结合物料平衡计算方法，估算锅炉产生与排放烟气中烟尘、SO_2、NO_x 的产生量、产生浓度、排放量与排放浓度。

实训记录：（本项目实训结果以纸质版方式提交。）

估算锅炉大气污染物产生与排放量实训记录表

实训人员：班级：_____　姓名：_____　学号：_____

实训地点：_____实训日期：_____年___月___日

实训结果：

　　一、项目锅炉烟气产生量估算公式及其估算结果。

　　二、项目锅炉烟气中烟尘产生与排放量、产生与排放浓度估算公式及结果。

　　三、项目锅炉烟气中 SO_2 产生与排放量、产生与排放浓度估算公式及结果。

　　四、项目锅炉烟气中 NO_x 产生与排放量、产生与排放浓度估算公式及结果。

实训九　核算项目产排污"两本账"及"三本账"

实训目的：

　　学会根据建设单位提供的项目相关资料，综合应用污染源强估算方法，估算出项目各种污染类型污染物的产排污量；然后根据项目建设性质类型，分别按照"两本账"或"三本账"格式汇总表达项目各种污染物产生与排放情况估算结果。

实训学时安排： 6 学时。

实训场地要求： 多媒体课室或电脑机房。

实训工具材料：

　　1. 教师给定实际建设项目基本情况资料；

　　2. 教材给出的各种污染源强估算方法和参数；

　　3. 教材给定的"两本账"和"三本账"应用条件及方法；

　　4. 科学计算器、电脑；

　　5. 实训记录表（电子版）。

实训方法：

　　由学生根据教师给定的项目基本情况资料，从教材中选用合适的估算方法和参数先估算出项目各类污染物产生与排放源强数据，然后根据项目建设性质，绘制"两本账"或"三本账"表格表达这些数据。

　　教师一般要给定两种不同建设性质项目的资料供学生训练练习。

实训步骤：

　　第一步　估算项目废水、废气、固废等污染物的产生与排放源强。

　　注意：不同项目建设性质，估算内容大不相同。改扩建项目除了拟建工程（只改扩建部分）外，还要估算现有工程及"以新带老"工程的情况。

　　第二步　根据项目建设性质，选择"两本账"或"三本账"格式表达估算结果。

　　注意：表中数据单位要换算为和"建设项目环评审批基础信息表"（见附录五）的要求一致。

实训记录：（本项目实训结果以纸质版方式提交。）

核算项目产排污"两本账"及"三本账"实训记录表

实训人员：班级：_____姓名：_____学号：_____

实训地点：_____实训日期：_____年___月___日

实训结果：

　　一、新建项目污染物产生与排放情况"两本账"表

　　二、改扩建项目污染物产生与排放情况"三本账"表

模块四　环境影响报告表的编制

工作情景：

　　某建设项目确定要做环境影响报告表，建设单位提供了项目的一些基本资料，并与你所在单位签订了工作合同，单位领导安排你负责完成这个项目的环境影响报告表的编制，你打算如何完成这项工作任务？

涉及问题：

　　1. 建设项目提供的资料是否足够？

　　2. 除了建设单位提供资料外，还需要其他哪些资料，如何获取？

　　3. 是否要勘查项目现场？如果需要，到了现场看什么？

　　4. 该搜集了解与调查的情况资料都弄齐了，接下来怎么办？

学习导引：

　　了解编制环境影响报告表的基本工作程序；熟悉环境影响报告表的格式与内容要求；掌握环境影响报告表正文部分各个表格单元及附图附件的编制技术与方法；了解环境影响登记表的格式、内容与填写要求。

一、环境影响报告表的基本结构

　　国家环境保护总局于 2001 年制定的"建设项目环境影响报告表（试行）"格式总共由 14 个部分组成（具体样式见附录三），分别是：（1）封面；（2）编制说明；（3）资格证书及签字盖章页；（4）建设项目基本情况；（5）项目所在地自然环境和社会环境概况；（6）环境质量状况；（7）评价适用标准；（8）项目工程分析；（9）项目主要污染物产生及预计排放情况；（10）环境影响分析；（11）项目拟采取的污染防治措施及预期治理效果；（12）结论与建议；（13）审批记录；（14）附件及附图。环境保护部 2015 年 10 月《关于发布〈建设项目环境影响评价资质管理办法〉配套文件的公告》对建设项目环境影响报告书（表）资质证书缩印件页和编制人员名单表页格式做出了规定。

　　建设项目环境影响报告表中第 1 项、第 4—12 项及第 14 项由环境影响评价编制技术人员负责编写，第 3 项由环境影响评价机构管理人员及编制技术人员共同负责，第 13 项由环境影响评价文件审批机关（包括初审机关）负责填写。

　　下面以深圳市某机械设备有限公司的机械加工项目（新建）为例，介绍报告表的基本填写方法。

二、封面、证书及签字页编制

1．封面

建设项目环境影响报告表的封面由文件编号、项目名称、项目建设单位名称、文件编制日期共四部分组成。具体填写要求如下：

（1）文件编号：由环境影响评价机构负责统一编号，方便档案管理。一般按照环境影响评价机构发证的年度、日期及顺序编号。编号中要有能够识别文件类型的符号，如"表"或"B"等表示文件类型为"环境影响报告表"等。

（2）项目名称：要和建设单位其他申报的项目名称一致，并根据项目建设性质加"建设（或生产）项目""扩建项目""改建"或"技改项目"等后缀。项目名称的字数要符合编制说明中对项目名称的字数控制要求。其中项目建设性质的分辨方法见本书模块一的第五部分。

（3）建设单位名称：要和建设单位的盖章名称一致，没有公章的填个体私人投资者的姓名。编制完成后须由建设单位盖章或投资者签名后方可上报环境保护主管部门审批。

（4）编制日期：以报告表最后编制完成日期为准。

2．资质证书及签字页

包括资质证书缩印页及编制人员名单表。其中，资质证书页由评价机资质证书缩印件、项目名称、文件类型、法定代表、主持编制机构组成；编制人员名单表由编制主持人、主要编制人员情况等部分组成。

资质证书缩印页具体要求如下：

（1）评价资质证书缩印件：原始证书缩印至 1/3 大小，并加盖评价单位的公章压边；

（2）项目名称：要与封面的项目名称一致，遵守编制说明中字数控制规定；

（3）文件类型：填"环境影响报告表"；

（4）法定代表：由评价单位的法定代表人本人签字或者盖签字草章；

（5）主持编制机构：填评价机构名称，要与资质页中的名称一致。

编制人员名单表具体要求如下：

（1）编制主持人：必须由本人亲自签名，要有环境影响评价工程师资格（要注明其职业资格证编号、专业类别和登记编号），其中特殊类别项目的报告表还需要有该类别的环境影响评价工程师登记证（要注明其登记证编号）；

（2）主要编制人员：必须由本人亲自签名，要有环境影响评价工程师资格（要注明其职业资格证编号和登记编号），应当填写编制人员所编制环境影响报告表的内容，如工程分析、主要污染物产生及排放情况、环境影响分析、环境保护措施、结论与建议及专项评价等。

三、"建设项目基本情况"表编制

"建设项目基本情况"表由项目基本信息表格、"工程内容及规模"栏、"与本项目有关的原有污染情况及主要环境问题"栏三部分组成，具体填写要求如下：

1．项目基本信息表格填写

项目基本信息表格主要表达项目的名称、建设单位及其法定代表人和联系人的信息、项目建设地址信息、项目建设性质及行业属性、投资与建设规模信息等内容。填写时要注意以下几点：

（1）表格中项目名称、建设单位名称要与封面一致；

（2）建设性质要与项目具体建设内容吻合（具体分辨方法见本书模块一第五部分），确定后把其选择项涂黑（"■"）；

（3）项目建设地址要具体清晰可查、法定代表人及联系人信息要明确具体；

（4）项目的立项审批部门及批准文号栏不用填写，根据国家建设项目投资管理体制和程序，建设项目环境影响评价审批与立项、核准或者备案由各部门并联审批，互不设为前置条件；

表 4-1　项目基本信息栏（示例）

项目名称	深圳市×××机械设备有限公司建设项目				
建设单位	深圳市×××机械设备有限公司				
法人代表	×××		联系人	×××	
通信地址	深圳市光明新区×××				
联系电话	××××××	传真	—	邮政编码	×××
建设地点	深圳市光明新区×××				
立项审批部门	—		批准文号	—	
建设性质	新建■改扩建□技改□		行业类别及代码	其他金属加工机械制造 C3429	
占地面积/m²	450		绿化面积/m²	—	
总投资/万元	3	其中：环保投资/万元	0.21	环保投资占总投资比例	7%
评价经费/万元	0.5	预计投产日期	2012 年 7 月		

（5）项目行业类型应根据本书模块一第五部分关于确定项目行业名称及代码的方法进行确定；

（6）表格中其他内容根据建设单位提供的信息填写，不明确的要向建设单位联系核实准确，项目确实没有相关内容的可以不填。

2．"工程内容及规模"栏填写

"工程内容及规模"是项目基本情况的核心内容，它是确定项目建设内容合法性，为后续工程分析提供数据来源的基本依据。其数据资料均应由建设单位提供和核准，一般分为以下六个方面进行介绍：

（1）工程内容简介

"工程内容简介"部分一般用一段概括性的文字表达，主要说明项目组成情况（有哪些功能的建筑物及核心设施设备），主要产品或服务的类型及其规模大小，员工人数及其办公、食宿地点（在项目内部还是项目外部），生产班制或营业时间（每年生产或营业天数，每天的小时数及其具体时间范围）等。这些基础数据和内容是项目工程分析时估算污染物来源、种类、大小的基本依据。

（2）原辅材料使用情况

原辅材料使用情况要求至少列出全部原材料的种类和数量，化工原料还要说明其化学成分及其理化性质。当原材料种类较少时可用简单枚举方式表达，超过五种时一般用列表方式表达（详细表格样式及填写要求见本书模块三的第三部分）。

（3）主要设施设备情况

主要设施设备情况要求至少列出生产或营业的设施设备和主要配套设施设备的种类、规格和数量。当设施设备种类较少时也用简单枚举方式表达，超过五种时也一般用列表方式表达（详细表格样式及填写要求见本书模块三的第三部分）。

（4）能源消耗及用水情况

能源消耗及用水情况一般用文字说明项目供水来源（自来水、地下井水或直接从河湖抽水等）及供水量，水的用途（生产用水、生活用水、其他用水）及其用量，废水排放路径及其最终去向；说明项目能源利用种类、规格及其用量。

（5）平面布局情况

平面布局情况一般用文字简要说明项目各组成部分的平面分布情况，并绘制平面布局图作为附图放在报告表最后。平面布局图的原始图件一般由建设单位提供，环评机构对其进行细化加工处理（一般应标注主要产污点、废气排污口、废水排放口的位置等）。如果建设单位提供的是书面纸质版图件，环评机构要转化为电子版后进行加工处理。

（6）建设内容合法性分析

在明确以上内容之后，对照《产业结构调整指导目录（2011年本）（修正）》《外商投资产业指导目录（2011 年）》（若这两个文件遇到有修订更新时应采用最新版本）及其他政策文件进行说明。主要确认项目建设内容没有列入禁止或淘汰类范围，若是新建或扩建项目还要确认项目建设内容没有列入限制类范围。

　　评价机构在分析建设内容时发现某些内容不符合法规政策要求后应及时和建设单位沟通，看看是否可以采取符合法规要求的替代方案。

表 4-2　工程内容及规模填写（示例）

工程内容及规模：

一、概况

　　深圳市×××机械设备有限公司在深圳市光明新区×××开办，主要生产加工机械设备。根据厂方提供资料，项目总投资 3 万元，租用 1 栋 3 层的工业区厂房中 1 楼进行生产。占地面积为 450 m²，总建筑面积为 450 m²。该栋厂房其他楼层为其他企业的厂房。项目生产规模为生产机械设备 20 套/a。项目拟用员工 10 人，均不在厂内食宿。每天工作 8 h，年工作时间 300 d。

二、主要原辅料（年用量）

序号	名称	年用量	序号	名称	年用量
1	铁管	10 t	5	镀锌板	10 t
2	彩钢板	10 t	6	氩气（不储存）	20 瓶
3	不锈钢板	10 t	7	电焊条	10 包
4	冷轧板	10 t			

三、主要设备

序号	名称	年用量	序号	名称	年用量
1	剪板机	1 台	5	锯床	1 台
2	折弯机	1 台	6	氩弧焊机	2 台
3	车床	2 台	7	电焊机	10 台
4	铣床	2 台			

四、能源消耗及用水情况

1．能源消耗情况

市政供电。用电量为 300 kWh/a。

2．给排水情况

1）给水

市政管网供水。项目生产过程不需用水。项目员工人数 10 人，均不在厂内食宿。根据《广东省用水定额（试行）》，用水定额为 50 L/（人·d），即项目生活用水量为 0.5 m³/d（150 m³/a）。

2）排水

项目生产过程中无生产废水产生，外排的主要为员工的生活污水。生活污水按用水量90%计，即生活污水量为 0.45 m³/d（135 m³/a）。项目生活污水与周边其他企业合建动力生活污水处理装置处理达标后，通过市政排污管网排入茅洲河。

五、平面布局情况

项目北面为加工生产区，西南面为物料存放区，东南面为行政办公区。

六、建设内容合法性分析

本项目主要加工生产机械设备。项目产品、使用设备和采用的生产工艺均不属于《产业结构调整指导目录（2011 年本）》和《广东省产业结构调整指导目录（2007 年本）》中的限制类和淘汰类范围。本项目的建设符合国家及广东省的产业政策。

3．"与本项目有关的原有污染情况及主要环境问题"栏填写

"与本项目有关的原有污染情况及主要环境问题"主要是要调查摸清项目选址周围的现状，确定周围环境对项目建设有没有及有何种限制性因素。这对居住区、医院、学校、机关和科研院所、食品及药品生产、农产品生产等项目尤其重要。

（1）项目四至情况

首先要对项目选址位置四周情况进行调查，然后用文字说明项目选址与四周环境关系，并绘制项目四置（至）图作为附图或画在该表格栏内（四至图的具体要求见本书模块二的第三部分）。这里要注意，对于已有明确规划但现状为尚未开发建设的项目周围的空地要注明其规划功能。对于报告表项目一般调查项目边界外50 m 范围的四周情况即可，但噪声或恶臭废气影响大的项目，应扩展至边界外200～500 m。

（2）周围主要环境问题

根据现状调查结果，说明项目所在位置已经存在的污染源（包括污染源的位置及其污染物类型），并找出主要环境问题（指制约项目本身建设的现有污染因素和环境敏感因素）。例如，某快速道路边建设的房地产居住小区项目，其现状主要污染源是高速公路沿线的噪声和废气污染，其主要环境问题就是临道路一侧的住宅要注意隔声保护和绿化阻尘及废气吸收（污染因素）；某电机厂选址周围有快速干道及某学院的学生宿舍，其中现状主要污染源是快速干道的噪声和废气污染，但其主要环境问题是某学院的学生宿舍楼对其边界排放噪声级别的限制（环境敏感因素）。

表 4-3　"与本项目有关的原有污染情况及主要环境问题"栏（示例）

> **与本项目有关的原有污染情况及主要环境问题：**
>
> 　　本项目属于新建项目，项目厂址四周均为工业区厂房，项目南面为×××科技有限公司，北面为深圳市×××贸易有限公司（四置情况见附图 2）。现状主要污染源为周围厂房产生的噪声、废气、固体废物、污废水等。项目附近无大型污染企业，基本不存在制约本项目建设的环境问题。项目周围无机关、学校、医院等环境敏感点。

四、"建设项目所在地自然环境和社会环境概况"表编制

1. "自然环境概况"栏填写

自然环境概况主要由三部分组成，一是项目地理位置情况，二是项目所在区域的地质地形地貌、气象水文、动植物及生物多样性的一般情况，三是项目所在位置的环境功能属性。编写的具体要求如下：

（1）项目地理位置

要详细说明项目所在地理位置，并绘制项目地理位置图作为附图。其中地理位置图范围要适中，要能够分辨出项目所在镇级或社区行政区域，同时也要显示出到达项目现场的主要交通路线（县级以上公路或城市次干道）。图上要准确标出项目位置（图幅范围要使项目位置基本处于图的中央），并配备图例、比例尺和方位标志。在用制图软件缩放处理地图时要特别注意纵向和横向的等比例缩放，不能只对某一方向进行拉伸或缩小，图上比例尺应采用线段式比例尺并和底图组合连接以便同步缩放。

（2）一般自然概况

简要介绍项目所在地区的地形、地貌、地质、气候、水文、植被、主要物种及生物多样性等自然环境状况。这些资料一般来自项目所在行政区域的自然环境状况简介（各级政府网站上一般都有相关资料）或地方志。如果有该区域其他项目的环境影响评价文件，则可以拷贝相关资料。

（3）环境功能属性表

环境功能属性是根据环境现状调查结果而确定的环境功能区划类型及环境敏感类型（具体调查方法及内容见模块二的第三部分），一般用列表方式表达。具体可分为以下三大类内容。

①环境功能区划类别：要求列出项目所在区域的水环境、大气环境、声环境、生态环境的功能区划类型。各地的这些环境功能区划文件可从环境保护部门网站、

环境保护部门编辑出版的相关环境管理实用工具书等途径得到，或者参考项目附近其他项目的环境影响评价文件中的有关环境功能区划。在获取这些文件资料后，要从项目所在准确位置找准其各要素的功能区划具体类型。当项目位置的某个环境要素没有明确功能区划类型时（如农村地区的声环境功能区，某些小河涌、小水库等），评价机构应根据相应功能区划分技术原则拟定初步划分方案后提前报当地环境保护主管部门核准，最终应以环境保护主管部门核准的区划类型为准。

②环境敏感区类型：指项目是否在特殊环境控制区，如自然保护区、水土流失重点治理区，基本农田保护区、饮用水水源保护区、风景名胜区、文物古迹保护区、二氧化硫及酸雨控制区（简称"两控区"）、烟尘控制区、水库库区、管道天然气供应区、禁止锤击打桩施工区、禁止现场搅拌混凝土区等。一般在列表内容的对应栏用"是"与"否"回答，必要时给出具体位置或名称、类型说明。具体选择列出哪些敏感区内容要与项目地理位置相关。

例：在我国东南沿海区域就没必要列出禁牧限牧草原区、沙化区等西北地区的环境敏感类型，在平原地区不需要列出水土流失重点治理区，在城市区域没必要列出基本农田保护区等。

③地方特殊规定控制类型：有些地方为了保护环境通过地方立法对某些区域进行特殊环境控制。

例一：《广州市环境保护条例》规定在环城高速以内区域禁止建设工业企业，现有的工业企业要限期搬迁出去，在广州市区域评价工业项目那就要说明项目位置是否在该条规定区域内。

例二：《珠海市环境保护条例》规定在山地 25 m 等高线以上区域禁止建设除公共基础设施（电力塔、通信塔架等）之外的其他建筑物，如果在珠海市范围内的山坡地建设相关项目就要注明是否在该条规定控制区域内。

例三：《广东省珠江三角洲大气污染防治办法》规定禁止在珠江三角洲范围再新建燃煤、燃重油锅炉，如果在珠江三角洲建设有配套锅炉的项目就要特别注意其燃料种类是否符合控制要求。

表 4-4   "自然环境概况"栏（示例）

自然环境简况（地形、地貌、地质、气候、气象、水文、植被、生物多样性等）：
光明新区位于深圳西部，东至观澜，西接松岗，南抵石岩，北临东莞市黄江镇。 　　**一、地质地貌** 　　本地区位于深圳市西部地区，地层多为第四系河流冲洪积相、三角洲相、海相等。该区地貌以低丘陵为主，主要沉积物类型为残积薄层红壤型风化壳，农业利用率大；沿茅洲河两侧为冲积平原，沉积物为冲积黏土质砂及沙砾，农业利用率较好。石岩水库北侧、丘陵向冲积平原过渡阶段以及楼村附近有阶地发育。

二、气候气象

本地区属于南亚热带海洋性季风气候。全年温暖湿润,光热充足,日照时间长,雨量充沛。年平均气温 21.4~22.3℃,1 月份月均温 12.9℃,7 月份月均温 28.7℃。年平均降雨量 1 519.2~2 206.5 mm,多年平均降雨天数约为 140 d。常年盛行风为正南风和东北偏东风(频率分别为 17%和 14%),其次为东北风和东风(频率均为 12%)。冬季 1 月最多风向为东北偏北风和东北风(频率分别为 24%和 20%);夏季 7 月最多风向为西南风、东南偏东风和东风,其频率都在 10%左右,静风频率为 27%。年平均风速为 2.6 m/s。平均日照 2 120 h,年太阳辐射量 5 404.9 J/m²。无霜期 335 d。灾害性天气主要有台风、寒潮、龙舟水、寒露风和干旱等。

三、水文

茅洲河位于深圳市的西北部,属珠江口水系,流域面积 400.7 km²(包括石岩水库、罗田水库控制面积),其中深圳市境内面积 313 km²(包括石岩水库控制流域面积 44 km²),东莞境内 87.7 km²。茅洲河是深圳市境内的主要河流之一,发源于深圳市境内的羊台山北麓,含大陂河、洋涌河、茅洲河和东宝河,自东南向西北流经石岩、公明、光明、松岗、沙井等五个街道办,在沙井民主村汇入珠江口伶仃洋。河道自源头至河口全长 42.61 km,河床平均比降 0.724‰,干流平均比降 0.49‰。

茅洲河流域内支流众多,呈不对称树枝状分布,右岸支流较发达,一级支流 22 条,其中集雨面积在 10 km² 以上的支流有沙井河、排涝河、楼村水、新陂头水等 10 条;二级支流 16 条。

四、土壤植被

本地区土壤类型以砂质田和砂泥田为主,主要分布在沿茅洲河上游两侧,周围边界如西田、楼村、将石也有少量赤红壤分布。

建设项目所在街道地处华南亚热带常绿林地带,随着经济的发展,大部分植被都已变成建设区或者建成区。其中原生性森林植被已荡然无存,而次生林也仅零星分布于村边,该区经济林以果园为主。

本项目所在区域环境功能属性见下表:

建设项目所在区域环境功能属性一览

项 目	类 别
水环境功能区	茅洲河,V类功能水域,执行《地表水环境质量标准》(GB 3838—2002)中的 V 类标准
环境空气质量功能区	属于二类区,执行《环境空气质量标准》(GB 3095—2012)二级标准
声环境功能区	属于 3 类区域,项目各边界均执行《声环境质量标准》(GB 3096—2008)3 类标准
是否基本农田保护区	否
是否风景保护区	否
是否水库库区	否
城市污水处理厂集水范围	否
是否属于煤气管道范围	否

2．"社会环境概况"栏填写

"社会环境概况"栏内只需简要介绍项目所在地区近年（三年以内）的社会经济结构、人口、教育、文化、文物保护等情况。这些资料一般在地方政府每年发布的国民经济和社会发展情况统计公报（从政府网站上可以搜集得到）中找到相关数据，也可从项目所在区域近期进行过环境影响评价的其他项目的环境影响评价文件找到相关的内容。

表 4-5　"社会环境概况"栏（示例）

社会环境概况（社会经济结构、教育、文化、文物保护等）：
建设项目所在街道位于深圳市西北部，东临××街道，南连××街道，西依××街道，北接××镇；辖区总面积 100.3 km²，下辖 19 个社区。总人口 50.2 万人，其中户籍人口 2.1 万人。 　　2011 年光明新区全年完成地区生产总值 380 亿元，同比增长 28.5%；规模以上工业总产值 1 010 亿元，增长 27.5%；规模以上工业增加值 244 亿元，增长 33.5%；全社会固定资产投资 165 亿元，增长 17%；社会消费品零售总额 61.2 亿元，增长 25.2%；进出口总额 85.3 亿美元，增长 41.9%；地方财政一般预算收入 15.5 亿元，增长 74.7%；国地两税收入 42.5 亿元，增长 27.3%。 　　光明新区以举办大运会为契机，加快一批城市重点基础设施项目规划建设，城市配套水平不断提升，绿色新城建设全面铺开。新区展览中心、光侨路、新城公园等 35 项重点工程在大运前顺利竣工，新区文化馆、图书馆和新区公明体育中心已建成。广深港客运专线已开通。松白路、南环大道等骨干道路建成通车，东明大道等一批道路建设进展顺利。完成光明污水处理厂接驳工程，污水处理量由 2.5 万 m³/d 提升至 10 万 m³/d，污水处理率大幅提高；燕川污水干管二期、新区污水支管网一期工程基本完成。新增 25 个绿色建筑示范项目，示范类型从政府投资扩展到社会投资，从新建建筑扩展到城市更新项目。 　　光明新区现有各类学校 31 所，在校学生 4 万多人；公明中学、公明第一小学、光明中学、光明小学、东周小学均为省一级学校。片区有医院 3 家，社康中心 32 个，健全的医疗网络保证了人民群众的就医保健需求。公明、光明街道先后被全国爱国卫生运动委员会授予"国家卫生镇"的荣誉称号。

五、"环境质量状况"表编制

1．"环境质量状况"栏填写

报告表项目的环境质量状况一般可采用近期历史监测数据，边界噪声必须进行现场实测，其余数据必要时进行现场监测。在引用监测资料时应注意以下几点：

（1）说明环境监测资料来源，具体的监测时间、监测点位等情况。

（2）分别列出大气环境、纳污水体水环境、边界声环境等的监测数据统计结果。一般可用近三年的历史监测数据，但边界噪声状况一般采取实测数据。

（3）对各环境要素质量状况进行简单评价（识别是否有超标情况，如果有超标的话则超标频次及幅度如何），给出环境质量综合评价结论。下结论时应遵循以下原则：凡是该要素没有超标情况的评价结论为良好；有个别超标（超标点、超标指标不超过一个）且超标轻微（超标幅度在 20%以内）的评价结论为较好；超标频率较大或超标倍数较高的评价结论为较差至很差。

（4）有些地方环境保护部门对监测数据来源有明确具体要求的，应把相关证据放在报告表的附件部分。

表 4-6 "环境质量状况"栏（示例）

建设项目所在地区域环境质量现状及主要环境问题（环境空气、地面水、地下水、声环境、生态环境等）：

监测数据来自深圳市环境监测中心站 2012 年 3 月监测资料。

一、环境空气质量现状：

建设项目所在街道监测点数据：

大气	监测值/（mg/m³）	二级标准限值/（mg/m³）
SO_2（小时均值）	0.047～0.071	0.5
NO_2（小时均值）	0.023～0.046	0.2
PM_{10}（日均值）	0.046～0.074	0.15

根据监测数据，项目所在地 SO_2、NO_2、PM_{10} 等污染物监测值均符合《环境空气质量标准》（GB 3095—2012）中的二级标准。项目所在地空气环境质量良好。

二、地表水环境质量现状： 单位：mg/L，pH 除外

水质项目		pH	COD	BOD_5	DO	总磷	NH_3-N	SS
监测结果	均值	7.56	32.3	5.77	2.17	0.334	0.987	77
Ⅴ类标准值		6～9	≤40	≤10	≥2	≤0.4	≤2	≤150

注：SS 参考《农田灌溉水质标准》（GB 5084—92）。

根据监测数据，茅洲河 COD 等 7 个监测项目均符合《地表水环境质量标准》（GB 3838 —2002）中的Ⅴ类标准。

三、声环境质量现状：　　　　　　　　　　　　　　　　　　　　单位：dB（A）

噪声测点		测值	噪声测点		测值
1#东面边界	昼间	62.3	3#西面边界	昼间	61.6
	夜间	51.9		夜间	51.0
2#南面边界	昼间	58.9	4#北面边界	昼间	59.7
	夜间	49.5		夜间	49.6

项目各边界昼间和夜间的噪声级均满足《声环境质量标准》（GB 3096—2008）中 3 类标准[昼间≤65 dB（A），夜间≤55 dB（A）]的要求。项目所在地声环境质量良好。

2．"主要环境保护目标"栏填写

"主要环境保护目标"栏内要求根据环境敏感对象调查结果，列出项目影响的主要环境敏感点（或区域）的名称、性质及其规模、保护内容和级别，必要时给出其方位和距离。如果环境敏感对象少于等于 3 个的可直接用文字叙述，大于 3 个的建议用列表方式表达（具体表格样式见本书模块二的第三部分）。

表 4-7　"主要环境保护目标"栏（示例）

主要环境保护目标（列出名单及保护级别）：

一、水环境保护目标：保护茅洲河水环境质量,使其符合《地表水环境质量标准》(GB 3838—2002)中的Ⅴ类标准。

二、大气环境保护目标：保护项目所在区域的空气质量环境,使其符合《环境空气质量标准》（GB 3095—2012）中的二级标准。

三、声环境保护目标：保护项目所在区的声环境,使其噪声符合《声环境质量标准》（GB 3096—2008）中 3 类标准的要求。

四、固体废物保护目标：妥善处理本项目产生的固废,使之不成为区域内危害环境的新污染源。

环境保护敏感目标情况一览

敏感目标名称	所处方	与项目边界最近距离/m	对项目敏感环境因素及保护级别	环境敏感区类型
××村	N	500	空气二级	人口密集区
××村	SW	285	空气二级 噪声 1 类	
……				

六、"评价适用标准"表编制

1."环境质量标准"栏填写

根据环境功能区划类别（来自环境功能属性表）分别确定水、空气、噪声环境质量执行的评价标准名称及其等级类别，并列表给出相应标准限值。

表4-8 "环境质量标准"栏（示例）

环境质量标准	1. 地表水环境质量执行《地表水环境质量标准》（GB 3838—2002）中的 V 类标准。 2. 环境空气质量执行《环境空气质量标准》（GB 3095—2012）中的二级标准。 3. 声环境质量执行《声环境质量标准》（GB 3096—2008）中的 3 类标准。

2."污染物排放标准"栏填写

根据环境功能区划类别及相关排污标准规定，结合工程分析的结果，确定项目各污染物排放执行的排污标准名称及其等级；必要时列出具体污染物的排放标准值。

污染物排放标准多种多样，有国家级的也有地方级的，有按环境要素综合的也有按行业综合的，有工艺废气的也有燃料燃烧废气的，等等。因此，选择确定准确有效的排污标准是一项相对较为复杂的工作任务。具体可归纳为以下几个技术要点：

（1）一般情况下，"污染物排放标准"栏是先不填的，要把后面的项目工程分析部分完成，根据工程分析结果才可以确定项目产生的各污染物执行何种排污标准。

（2）要根据排污标准执行原则（见本书模块一的第三部分），结合项目工程分析的结果，确定项目究竟执行哪一个或哪几个标准的名称。

（3）要仔细查看每个标准的适用范围，确定该标准是否适用于本项目的相关部分。

例：广东南海某地计划建设一铝制品企业，其建设内容中有一台熔炼窑炉，有燃料燃烧的大气污染物排放，仔细查看广东的《大气污染物排放限值》的适用范围，载明不适用于工业炉窑大气污染物排放，这就说明该项目的熔炼窑炉废气要执行另外的标准——国家的《工业炉窑大气污染物排放标准》。

（4）结合环境功能属性、项目建设时间、污染物产生部位等因素，选择准确的排污标准类别及其标准值。各排污标准中把污染物分成若干类型，并根据建设时限、环境功能区类型等因素划分成若干级别。有时同样建设内容但在不同地域、不同建设时间要执行不同的标准。例如，同样是在广东建设的废纸造纸企业，其废水 COD 的排放标准值在 2002 年以前建设的和之后建设的是不同的，项目位置在Ⅲ类纳污水体区域和Ⅳ类纳污水体区域也是不同的。有时是项目的同一污染物但在不同产生部位，其执行的标准不同。例如，同样是 SO_2 污染物，但锅炉废气排放的 SO_2 和工艺废气排放的 SO_2 执行的标准却显著不同。

表 4-9　"污染物排放标准"栏（示例）

污染物排放标准	1．废水排放执行广东省地方标准《水污染物排放限值》（DB 44/26—2001）二级标准（第二时段）； 2．大气污染物排放执行广东省《大气污染物排放限值》（DB 44/27—2001）二级标准（第二时段）； 3．厂界噪声标准值执行《工业企业厂界环境噪声排放标准》（GB 12348—2008）中 3 类标准。

3．"总量控制建议指标"栏填写

此栏和上栏一样先不要填，要等工程污染源分析部分完成后再填。

此栏要根据工程分析结果及有关法规要求，填写污染物总量控制指标建议值。一般在《建设项目环评审批基础信息表》上列出的污染物（但项目本身不产生的除外）才需要给出相应建议值；项目产生的其他污染物无须给出总量控制指标建议值。若项目污水排放到城镇污水处理厂，则该项目排放污水中的污染物已纳入污水处理厂的总量范围，无须额外申请总量。

总量控制建议指标是按年计算的，工程分析的短时排放源强（一般是每小时排污量）需要按照每年实际（或预计）生产小时数换算为年排放总量。因此，项目每年的生产或营业天数、每天的生产班制或营业时间等基础数据就关系到项目的总量指标值的大小。对于改扩建和技改项目，应是改扩建或技改完成后总工程的总量建议指标。

七、"建设项目工程分析"表编制

1. "工艺流程简述"栏填写

（1）工艺流程及产污环节图

根据建设单位提供的材料，绘制项目生产工艺流程及其产污环节图，如有个别工艺环节的具体生产原理及使用的原辅材料模糊不清的，要向建设单位生产技术主管人员询问了解清楚。

工艺流程及产污环节图的绘制技术要点见本书模块三的第四部分。

（2）工艺流程说明

对较为复杂的生产工艺需要补充工艺原理的文字说明，必要时还要列出主要化学反应方程式。

表 4-10　机械加工流程及产污环节图（示例）

工艺流程简述（图示）：

项目主要生产加工机械设备，生产工艺流程主要如下。

机械设备的生产加工工艺流程：

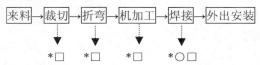

来料 → 裁切 → 折弯 → 机加工 → 焊接 → 外出安装

＊□　＊□　＊□　＊○□

（污染物标识：废水：△；废气：○；噪声：＊；固废：□）

工艺概述：

项目将铁管、彩钢板、不锈钢板、冷轧板和镀锌板经锯床和剪板机裁切后经折弯机折弯，再经过车床和铣床加工后焊接，最后外出安装。

注：项目焊接工序采用电焊和氩弧焊进行焊接。

2. "主要污染工序"栏填写

主要污染工序部分首先是分类介绍项目产生"三废"及噪声的环节，说明污染产生种类和主要污染物，并按照工程分析常用的源强估算方法（类比、物料衡算、资料复用）估算其产生源强。其次是介绍项目原计划采取的主要环保措施及其工艺原理。

（1）各要素污染产生环节分析

①废水

根据工艺流程及其产污环节图，说明哪些环节产生哪种废水；根据相应生产环节的生产原理及所使用的原辅材料分析其废水中主要污染物种类；利用废水污染源强估算方法估算废水产生量大小及其污染物产生浓度。

②废气

根据工艺流程及其产污环节图，说明哪些环节产生哪种废气；根据相应生产环节的生产原理及所使用的原辅材料分析其废气中主要污染物种类；利用废气污染源强估算方法估算废气产生量大小及其污染物产生浓度。

③固体废物

根据工艺流程及其产污环节图，说明哪些环节产生哪种固体废物；根据相应生产环节的生产原理及所使用的原辅材料分析其固废中含有哪些有害因素；结合固体废物管理的法律法规确定各类固体废物的危险性质（一般废物、危险废物，在广东省还要分析一般废物是否为严控废物）；利用固废源强估算方法估算固体废物产生量大小。

④噪声

根据工艺流程及其产污环节图，说明哪些环节有产生较高的噪声[声源噪声在75 dB（A）以上]的何种设备；利用噪声源强估算方法估算各高噪声设备的声源噪声大小。

（2）各要素环保措施方案分析

①废水

根据建设单位计划和提供的废水治理方案，分析其可达标性（若建设单位没有相关计划的在此处不用说明）；结合项目环境现状调查结果（纳污水体水环境功能区划、区域水污染集中治理设施等），说明项目废水的排放路径及最终去向，确定项目应执行的废水污染物排放标准（应具体到各污染物的标准值）。

②废气

根据项目建设单位提供的废气治理方案，分析其可操作性及可达标性（若建设单位没有相关计划的在此处不用说明）；说明项目废气的排放方式及排放高度；结合项目所在空气功能区类型，确定项目应执行的废气污染物排放标准（应具体到各污染物的标准值）。

③固体废物

根据项目建设单位提供的固体废物收运或综合利用方案，分析其合理合法性（若建设单位没有相关计划的在此处不用说明）；说明项目产生的各类性质固体废物管理措施要求。

④声

根据项目建设单位提供的噪声治理方案，分析其可达标性（建设单位没有相关计划的在此处不用说明）；结合项目所在地的声环境功能区划，确定项目边界应达到的噪声排放标准（应具体到昼夜标准值）。

表 4-11　"主要污染工序"栏（示例）

主要污染工序：

1．废水

据厂方提供的资料及现场调查可知，项目生产过程中无生产废水产生，外排主要为员工的生活污水。项目有员工 10 人，均不在项目内食宿，生活用水量按 50 L/（人·d）计算，每天的生活用水量为 0.5 m³，则年生活用水量为 150 m³；排污系数以 0.9 计，每天产生生活污水 0.45 m³，年产生量约为 135 m³。生活污水的主要污染物因子为 COD、BOD_5、SS、氨氮等。

2．废气

项目电焊工艺产生的废气主要污染物为氮氧化物、CO、CO_2、烟尘、金属及其氧化物等；氩弧焊工艺产生的废气污染物主要为烟尘、臭氧、氮氧化物、一氧化碳等。污染物产生量均很少，为无组织排放。

3．噪声

项目生产过程中使用剪板机、折弯机、车床、铣床、锯床、氩弧焊机和电焊机等设备产生一定强度的噪声，其噪声值在 75～85 dB（A）。

4．固体废弃物

项目生产过程中产生一定量的边角料等一般工业固废物，约为原材料 4%，则产生量为 2 t/a；生产过程中产生的少量废电焊渣；各种机械设备运行及维修过程中产生的废机油、废抹布等危险废物（编号 HW08），产生量约为 0.2 t/a；项目有员工 10 人，员工在生产生活期间产生一定量的生活垃圾，排放系数取 0.5 kg/（人·d），员工生活垃圾年产生量约为 1.5 t。

补充样例一：

表 4-12　某市某餐饮项目的"主要污染工序"栏填写内容

主要污染工序：

1．废水

项目共设餐位 200 个，估计日接待顾客 800 人次。根据项目的规模及类比分析，该项目餐厅总用水量估计约 32 m³/d，废水排放量约为 26 m³/d，相应的年排放量为 9 490 m³/a。产生的废水主要来自肉类、蔬菜等食物原料以及餐具、用具的清洗污水、员工与顾客的清洁卫生污水。废水计划经隔油隔渣处理达到《广东省水污染物排放限值》三级标准后排入市政污水管网，主要污染物排放浓度：COD_{Cr} 350 mg/L、BOD_5 200 mg/L、氨氮 150 mg/L、SS 120 mg/L、动植物油 10 mg/L，通过市政污水管网汇集到香洲水质净化厂处理达到一级标准后最终排入香洲湾海域。

2．废气

本项目设有炉头 5 个，厨房炒炉使用柴油为燃料，年用量约为 72 000 L，柴油的密度为 0.835 kg/L，约为 60 t/a。产生的废气主要来自厨房烹调过程中产生的油烟废气，类比同类项目油烟产生浓度约 13 mg/m³，油烟废气量按照每个炒炉 2 000 m³/h 计算，约 10 000 m³/h，每餐按照 2 h 使用炒炉计算，油烟废气量约 40 000 m³/d，全年约 1 460 万 m³/a。油烟废气计划经抽油烟机及引风烟囱引至三层楼顶通过静电油烟净化器净化后排放，可以达到《饮食业油烟排放标准》的要求。

厨房炒炉使用柴油为燃料，年用量约为 60 t，柴油燃烧产生的燃烧废气，废气中主要污染物为二氧化硫和烟尘。根据《环境统计册》计算，主要污染物的排放系数为 SO_2 0.006（含硫率按 0.3%计）、烟尘 0.000 29。则烟气排放量为 $60×1.3×10^4 = 78×10^4$ m³/a。其中主要污染物的排放量：SO_2 为 60×0.006=0.36 t/a，烟尘= 60×0.000 29=0.017 4 t/a。浓度：SO_2 为 $0.36÷（78×10^4）×10^9=461$ mg/m³、烟尘为 $0.017 4÷（78×10^4）×10^9=22$ mg/m³。柴油燃烧废气计划经烟囱引至三层楼顶排放，可以达到《广东省大气污染物排放限值》二级标准要求。

3．噪声

项目产生的噪声源主要是厨房风机、抽风机、分体空调机等运行时的噪声，其噪声的强度值为 70～80 dB（A）。经距离衰减后，在项目边界可以达到《社会生活源边界环境噪声排放标准》二类区白天标准要求。

4．固体废弃物

本项目产生固废主要为生活垃圾及厨房产生的餐饮废物。员工生活垃圾按 0.5 kg/（人·d），顾客按 0.2 kg/人次计算，生活垃圾产生量约为 63 t/a。隔油隔渣池所隔食物残渣、潲水油年产量约为 30 t，不属于国家规定的危险废物，但属于《广东省严控废物名录》中编号为 HY05 的严控废物，拟交由有严控废物处理资质的单位处置。

八、"项目主要污染物产生及预计排放情况"表编制要求

1．表格中数据来源

此表格中的数据应来源于本模块第七部分的工程污染源分析结果，其中"处理后排放浓度及排放量"栏的数据一般按照达到相应排放标准或法规要求的结果进行估算。如果项目相关污染因素的"处理前产生浓度及其产生量"本身就小于排放标

准值要求，不需治理就可达标排放的，则"处理后排放浓度和排放量"栏应按照实际的产生浓度及产生量填写（即处理前后的数据一样）。

2．新建项目的数据填写

新建项目就按照现有表格格式分别填写项目拟建内容各污染物"处理前产生浓度及产生量""处理后排放浓度及排放量"。其中，固体废物产生源的"处理前产生浓度及产生量"栏填写前面工程分析估算的各类固废产生量（不用填浓度），"处理后排放浓度及排放量"栏一般不填数据，仅说明其处理或处置去向。噪声源的"处理前产生浓度及产生量"栏填写声源的源强数据，"处理后排放浓度及排放量"栏填写项目边界需要达到的噪声标准值。具体样式见表 4-13。

表 4-13 "项目主要污染物产生及预计排放情况"栏（示例）

内容类型	排放源（编号）	污染物名称	处理前产生浓度及产生量	处理后排放浓度及排放量
大气污染物	电焊工艺	氮氧化物、CO、CO_2、烟尘、金属及其氧化物	无组织排放，少量	无组织排放，少量
	氩弧焊工艺	烟尘、臭氧、氮氧化物、一氧化碳	无组织排放，少量	无组织排放，少量
水污染物	生活污水（135 m^3/a）	COD	350 mg/L；0.047 t/a	110 mg/L；0.015 t/a
		BOD_5	200 mg/L；0.027 t/a	30 mg/L；0.004 t/a
		NH_3-N	60 mg/L；0.008 t/a	15 mg/L；0.002 t/a
		SS	150 mg/L；0.020 t/a	100 mg/L；0.014 t/a
		LAS	30 mg/L；0.004 t/a	10 mg/L；0.001 4 t/a
		TP	5 mg/L；0.000 7 t/a	1 mg/L；0.000 1 t/a
固体废物	一般工业废物	边角料等	2 t/a	回收利用
	危险废物	废电焊渣，废机油、废抹布等	0.2 t/a	交有资质单位处理处置
	生活垃圾	生活垃圾	1.5 t/a	交环卫部门处理
噪声	机械设备	机械噪声	75～85 dB（A）	昼间（6：00—22：00）≤65 dB（A）；夜间（22：00—6：00）≤55 dB（A）
其他	—			
主要生态影响： 　　该项目位于工业区内，是租用的厂房，对厂址周围局部生态环境基本没有影响。				

3．改扩建项目数据填写

作为改扩建（含技术改造）项目，需要对"现有工程"（指已经存在的项目内容和已批准建设但尚未建成的项目内容）、"拟建工程"（指改建、扩建或技术改造的那部分内容）和"以新带老工程"（指在建设"拟建工程"中顺带解决现有工程存在的环境问题的工程措施）的产排污情况或削减污染物的情况进行分析统计。因此，需要对现有表格行重新进行划分。

在具体编制此表时，改扩建项目一般把每一类污染因素（指第一列列出的"三废"、噪声及其他）所在的行后面再分为三小行，然后分别列出"现有工程""拟建工程""总工程"的相关数据。如果项目的某污染因素不存在改建、技改或扩建的内容，该污染因素行就不需要细分行，直接在该行填总工程（实际就是现有工程的）的数据。

"现有工程"的源强数据，已建成投产部分应采用实际监测和统计数据，已批准建设但尚未建成投产部分应采用已批准的环境影响评价文件中估算的源强数据。

"拟建工程"是指改建、扩建或技改的那部分完成后新增加的内容。

"总工程"是指改建、扩建或技改完成后项目总体的产污与排污情况。它的排污量是现有工程的实际排污量加上拟建工程增加的排污量，再减去"以新带老工程"削减量后得出的总数。"以新带老削减量"是指拟建工程中计划对现有工程的一部分（或全部）污染进行进一步治理或替代所能够减少的污染源强数据。

例一：某学院计划扩建四栋学生宿舍楼（可容纳学生4 000人），扩建过程中计划把原有的四栋学生宿舍楼（住宿学生4 000人）的未经深度处理的生活污水纳入新的污水处理系统一起进行深度处理后排放。该学院现有设施（包括现有四栋学生宿舍楼和其他设施）的生活污水实际排放数据为现有工程实际排放量，扩建的四栋宿舍楼产生的生活污水的产污量及其处理后排放量为拟建工程的产污与排污数据，扩建过程中对现有四栋学生宿舍楼的生活污水进一步深度处理后所减少的排污量为"以新带老工程"削减的排污量。其水污染物产生及预计排放情况表样式见表4-14。

补充样例二：

表 4-14 某学院扩建学生宿舍楼"水污染物产生及预计排放情况"表（样表）

排放源			污染物名称	处理前产生浓度及产生量		处理后排放浓度及排放量	
水污染物	现有工程	其他生活污水（300 m³/d）	SS	400 mg/L	0.120 t/d	200 mg/L	0.060 t/d
			COD	600 mg/L	0.180 t/d	250 mg/L	0.075 t/d
			BOD₅	450 mg/L	0.135 t/d	150 mg/L	0.045 t/d
			动植物油	200 mg/L	0.060 t/d	100 mg/L	0.030 t/d
		学生宿舍楼生活污水（500 m³/d）	SS	300 mg/L	0.150 t/d	200 mg/L	0.100 t/d
			COD	350 mg/L	0.175 t/d	250 mg/L	0.125 t/d
			BOD₅	200 mg/L	0.100 t/d	150 mg/L	0.075 t/d
	拟建工程	学生宿舍楼生活污水（500 m³/d）	SS	300 mg/L	0.150 t/d	100 mg/L	0.050 t/d
			COD	350 mg/L	0.175 t/d	60 mg/L	0.030 t/d
			BOD₅	200 mg/L	0.100 t/d	20 mg/L	0.010 t/d
	总工程	其他生活污水（300 m³/d）	SS	400 mg/L	0.120 t/d	200 mg/L	0.060 t/d
			COD	600 mg/L	0.180 t/d	250 mg/L	0.075 t/d
			BOD₅	450 mg/L	0.135 t/d	150 mg/L	0.045 t/d
			动植物油	200 mg/L	0.060 t/d	100 mg/L	0.030 t/d
		学生宿舍楼生活污水（1 000 m³/d）	SS	300 mg/L	0.300 t/d	100 mg/L	0.100 t/d
			COD	350 mg/L	0.350 t/d	60 mg/L	0.060 t/d
			BOD₅	200 mg/L	0.200 t/d	20 mg/L	0.020 t/d

例二：某水泥厂计划改造为单纯的水泥粉磨站，建设内容包括：拆除现有立窑水泥熟料生产线，现有生产能力为 20 万 t/a 的水泥粉磨设施计划技术改造并扩建为生产能力 90 万 t/a 的水泥粉磨站。其大气污染物产生及预计排放情况表样式见表 4-15。

补充样例三：

表 4-15 某水泥企业技改扩建项目的"大气污染物产生及预计排放情况"表（样表）

排放源			污染物名称	处理前产生浓度及产生量	处理后排放浓度及排放量
大气污染物	现有工程	20 万 t/a 水泥熟料生产及粉磨全过程	有组织粉尘	20 g/m³，69 466.67 t/a	≤50 mg/m³，104.2 t/a
			无组织粉尘	36.8 t/a	36.8 t/a
	拟建工程	90 万 t/a 水泥粉磨全过程	有组织粉尘	20 g/m³，54 118.09 t/a	≤30 mg/m³，54.18 t/a
			无组织粉尘	18 t/a	1.8 t/a
	总工程	90 万 t/a 水泥粉磨全过程	有组织粉尘	20 g/m³，54 118.09 t/a	≤30 mg/m³，54.18 t/a
			无组织粉尘	18 t/a	1.8 t/a

九、"环境影响分析"表编制要求

1."施工期环境影响分析"栏填写

前面工程分析部分主要是针对项目建成后的污染及生态影响因素的分析，没有对项目施工期的情况进行介绍。因此，本部分需要先详细介绍项目的施工内容，然后分析各施工环节的污染产生情况或生态影响因素，最后提出有针对性的污染防治及生态保护措施。对于施工期较长，主要污染及生态影响在施工期的项目（如城市河道整治工程），此部分应作为重点内容进行编制（参见补充样例四）。具体编制要求如下：

（1）介绍项目施工内容和施工方法

一般的项目施工期分为土地平整、基础施工、结构施工、安装与装修施工四个阶段。如果项目是租用厂房、铺位等已经建成的建筑物进行建设，则施工期仅有设备安装及装修阶段的施工。如果项目是在已经开发成熟的建设用地上进行建设，则施工期没有土地平整这一阶段。有些项目的主要环境影响就在施工期（如城市河道综合整治），这时要详细介绍施工内容和施工方法。

介绍各施工阶段的施工方法时要注重项目所在位置的环境控制要求。一般在城市区域禁止锤击打桩施工、禁止现场搅拌混凝土、禁止敞篷运输车辆行驶，驶出施工工地的施工机械、车辆等需要先清洗轮子。在山坡地施工的项目还需要预先做好防止水土流失、保护生态植被等措施。

（2）分析具体施工内容的环境污染及生态影响因素

施工期污染及生态影响因素一般要从各施工阶段可能产生的大气污染物、噪声、废水、废渣和可能造成的植被破坏及水土流失等方面进行分析。占用非建设用地的项目还要说明施工期临时占用土地类型及其面积。要注意结合项目的实际施工阶段及其施工方法进行分析，不能泛泛而谈。例如，仅仅是租用厂房建设项目就不能说有施工扬尘、打桩噪声污染和破坏植被等因素。

（3）提出有针对性的施工期环境保护措施及要达到的效果

针对施工期污染与生态影响因素分析结果，提出相应防止或减少环境污染及生态影响的措施。例如，针对施工噪声污染，如果涉及声环境敏感区的，可以提出禁止夜间及午休时间施工的要求；针对施工扬尘污染，可以提出密封及遮盖运输泥沙车辆、驶出工地的机械和车辆必须先清洗车轮、附近道路定期洒水和清扫等措施要求；针对山坡地施工会造成水土流失，可以提出预先修建挡土墙、沉降缓冲池及排水沟渠等措施要求；针对大量的弃土弃渣要提出弃渣场环境控制要求或判断能否综合利用；针对施工造成土地裸露可以提出绿化覆盖等生态修复措施要求；等等。

表 4-16　施工期环境影响分析（租赁厂房建设的项目）

施工期环境影响分析：

　　本项目厂房为租赁厂房，施工期仅有设备安装调试过程，只有噪声和少量固体废物产生，项目周围 500 m 范围没有居民区、学校、医院等声环境敏感点，故项目施工期对周围环境的影响很小。

补充样例四：

表 4-17　某城市河道综合整治工程施工期环境影响分析（主要环境影响在施工期项目）

施工期环境影响分析：

　　该项目具体施工细节应严格按照××市规划设计研究院编制××市××冲排洪渠综合整治工程可行性研究报告中的施工方案的要求进行文明施工。

　　一、施工过程简介

　　整个河道工程施工由具有施工机械设备的专业化队伍完成。其过程概述如下：

　　1. 工程施工期：首先要清理施工现场，在进行渠底开挖、渠道清淤疏浚、修补渠道岸墙、污水口截污改造、渠底硬化处理等基础工作以后，按照施工规范，设置拦河闸、调水泵站，最后进行场地清扫及覆土回填。将工程施工过程产生的开挖土和淤泥用汽车运到淤泥处置场堆放。

　　2. 环境绿化与恢复期：在以上建设完成后，对施工现场进行清扫、覆土回填，清理作业现场，恢复并进行河道两岸绿化。

　　二、施工期环境影响分析

　　1. 施工期生态环境影响分析

　　施工前期清理、便道施工、开挖渠底、岸墙修补、截污工程等施工活动中，施工机械、车辆、人员践踏等会对土壤产生扰动、引起局部的植被破坏，淤泥的堆放产生水土流失和土地占用。

　　该项目施工将产生土方和淤泥，同时有关工程又需要大量土方做填方，经平衡后多余的土方及淤泥需要外运处置。多余土方和清淤淤泥应及时清理、运输到指定的堆填处置场。该淤泥处置场主要用于处置本项目清淤工程清除的河底淤泥（总计 8 000 m^3）。工程的其余弃土约 1 100 m^3，用于一般建设用地填土，就近运往项目附近的建筑工地。

　　2. 施工期水环境影响分析

　　该项目施工水域××冲排洪渠，目前主要功能是城市泄洪和一般景观，没有明确划定水质功能，可以参照一般景观用水功能，执行 V 类水质标准。另外，××冲排洪渠汇入处，×××河道规划为《地表水环境质量标准》（GB 3838—2002）IV 类标准。施工对水环境的影响主要来自施工过程产生的废水排放和清淤过程对××冲排洪渠水质的扰动。

（1）施工期污水对水环境的影响

施工人员产生生活污水，项目施工人员为 20 人，施工期为 8 个月（240 d）；按每人每天用水量 0.15 m³ 计，则项目生活污水产生量为 3 m³/d（合计为 720 m³）。另外，施工机械机修以及工作时油污跑、冒、滴、漏产生少量的含油污水，施工机械及运输车辆清洗也产生少量清洗废水。

上述废水全部就近排入城市污水管网，最后汇入××污水处理厂处理达标后排入××湾近岸海域。由于废水产生量很小，水质相对简单，因此项目施工产生的废水对×××海域影响很小。

（2）清淤施工对××冲排洪渠水质的扰动

清淤过程对××冲排洪渠水质产生扰动，造成水质混浊，部分河段可能散发轻微臭味。由于××冲排洪渠只作为一般水景观功能，清淤施工本身就是一项净化水质的工作，而且持续时间不长，因此清淤对××冲排洪渠水质的扰动影响是可以接受的。

3．施工期声环境影响分析

该项目施工中使用的机械设备及运输车辆产生的噪声值在 65～95 dB。由于河道清淤属线性工程，局部地段施工周期较短，施工产生的噪声只短时对局部环境造成影响；本工程途经地段居民区和办公机构较多，周边人口密集，因此项目施工噪声对周围环境带来的影响较大。应尽量避免在周围居民和办公人员休息时间进行施工，建议施工时间控制在 8：00—11：30 和 14：00—20：00，此外时间禁止施工。

4．施工期环境空气影响分析

该项目施工过程造成的扬尘对局部大气环境造成污染。本项目施工段位于××市××城区，在项目施工时，施工区域来往人员较多，应对工地周围做好施工围蔽及安全防护工作，运输道路要及时做好洒水喷淋抑尘措施，运输车辆应采取出场洗车轮、车厢防泄漏等措施。这样可以防止施工扬尘产生对局部地区的居民生活造成严重影响。

三、弃渣场环境影响分析

1．弃渣占地对土地利用类型的影响

本项目清淤工程产生的淤泥计划用汽车运至×××淤泥处置场堆填。该处置场规划为××市金湾区行政办公基地，属于建设用地，本身需要大量填土（约 8 000 万 m³），根据××市国土资源局批复意见（×国土字〔2007〕582 号），该区可堆填淤泥面积 6 km²，需要填土量约 1 800 万 m³。而本项目淤泥只有约 8 000 m³，加上前山河清淤保洁工程及凤凰河综合整治工程的淤泥量（约 541 万 m³），该处置场完全有能力接纳本项目产生的河道淤泥。

另外，项目施工还产生其他普通渣土，粒径大多数为粉砂至粗砂，有机质含量在 0.5%以下，总计 1 100 m³。建设单位计划用汽车运输至就近的建筑工地作为填土使用。由于××市已严禁新开挖山体作为建筑工地填土资源，因此这些普通渣土成为需要填土的各建筑工地的宝贵泥土资源。

综上所述，本项目弃渣合计共占地约 3 030 m²（按平均堆填深度 3 m 计），全部可以综合利用为有关建设用地的填土资源，不会占用宝贵的农用土地。

2. 淤泥恶臭对周围空气环境的影响

××冲排洪渠清淤产生的淤泥含有一定的有机质（其中下游河段有机质含量较高），在处置场堆放时有机质腐烂会散发恶臭。由于本项目淤泥量不大，总占地面积不超过 2 700 m²，经类比计算，其恶臭影响距离（臭气浓度大于 10 稀释倍数的范围）不会超过边界外 50 m，因此其卫生防护距离为 50 m。由于规划的×××淤泥处置场周围 2 500 m 范围目前没有居民区等环境敏感点，因此项目淤泥堆填场恶臭不会对周围环境空气产生明显的影响。该项目产生的其他普通渣土有机质含量低，作为建筑工地填土时不会产生明显恶臭。

3. 弃渣的其他环境影响

该项目淤泥采用抓斗式挖掘机开挖，然后用自卸式汽车运输至淤泥堆填场堆填的处置方式。开挖时使淤泥在抓斗中尽量沥干水分后才释放到汽车车厢。因此，运泥处置过程不会产生大量的尾水，不会对处置场周围水环境产生明显影响。

该项目弃渣在堆填过程中有可能因为管理不善造成水土流失。该项目淤泥堆填场属于已筑有坚实堤围的低洼围垦土地，而且排水沟渠畅通，因此堆填的淤泥遇到雨水时不会产生严重的水土流失现象。其余普通渣土在各建筑工地堆填时，如果没有做好相应水土保持措施，有可能带来较大的水土流失，因此应选择水土保持措施到位的建筑工地堆填。

2. "营运期环境影响分析"栏填写

此栏也和工程污染源分析一样，可以按照大气环境、水环境、声环境、固废、生态环境等要素分别进行分析总结。对每一环境要素应从以下三个方面进行分析总结：

（1）分类介绍各污染因素的主要污染物产生及排放量

首先要对工程分析结果进行总结，指出项目在哪些环节产生哪些种类的污染，主要污染物是什么，具体的排放量是多少；然后介绍污染物排放方式及最终排放去向。例如，某工业项目的废水产生环节是员工在厂区的生活污水和生产设备清洗废水，这里就要分别指出生产废水和生活污水中的主要污染物有哪些，经治理达标后最终排放量是多少，经过何种路径先排到哪里，最终进入哪个自然水体或综合利用到哪里。

（2）介绍计划采取及必须补充和改进的环保措施方案及要达到的治理效果

首先介绍项目建设单位原计划采取的环保措施，并评价其能否满足达标排放及其他法规规定的要求。针对不能满足达标排放及法规规定的部分提出改进和改善的环保措施要求。例一：某餐饮店针对油烟治理，建设单位仅仅计划用抽油烟机加烟囱至楼顶排放，这不能满足达标排放要求，因此要提出加装油烟净化设施的要求，并给出需要达到的油烟浓度排放标准值；例二：某工业企业针对员工宿舍生活污水，建设单位计划经过简单三级化粪池处理后（可达到三级排放标准）经下水管道排入附近河涌（该河涌水质功能类别为Ⅳ，排放标准级别应为二级），显然三级化粪池治理效果不能满足达到排入Ⅳ类河涌的污水排放标准级别要求，因此要提出增加地埋式无动力生化处理设施的要求，并给出相关污染物应达到的排放标准值。

（3）简单分析各污染物排放对周围环境质量的影响

在项目采取的环保措施满足达标排放及法规规定的前提下，最后简单分析项目对相应环境要素质量的影响程度。一般用"影响不大""影响很小"进行总结，但是要特别注意分析项目对附近环境敏感点的影响。例一：某餐饮店的位置位于某居民楼下面，附近还有其他居民楼，环境影响分析时就要特别注重项目产生的噪声及油烟经治理达标后对楼上居民及附近居民生活的影响；例二：某歌舞厅（酒吧）建设在某商业居住混合区，环境影响分析时就要特别注意分析项目产生的噪声及振动对附近居民的影响；例三：某小型居住小区建设项目位于某县自来水厂汲水点二级保护区范围，根据法规规定，饮用水水源二级保护区不得设置新排污口，因此要提出对该小区生活污水进行处理达标后经专用排污管道排放到该饮用水汲水点的一级、二级保护区之外或就近排入城镇生活污水处理厂排污管网的要求。

表 4-18　机械加工项目营运期环境影响分析（示例）

营运期环境影响分析：

　　一、水环境影响分析

　　项目生产过程中无工业废水产生，外排污水主要为员工的生活污水。项目有员工 10 人，生活污水排放量约为 135 m^3/a，主要污染物因子及其产生量分别为：COD 0.047 t/a；BOD_5 0.027 t/a；氨氮 0.008 t/a；SS 0.020 t/a。生活污水是浑浊、深色、具有恶臭的水，微呈碱性，一般不含毒物，生活污水若不经过处理排入水体，其所含污染物将消耗水中一定的溶解氧，使水体出现缺氧现象，使鱼类等水生动物死亡，而厌氧的微生物大量繁衍，改变群落结构，产生甲烷、乙酸等物质，导致水体发黑发臭，恶化环境质量。项目纳污水体茅洲河为Ⅴ类水域，水环境现状能满足《地表水环境质量标准》（GB 3838—2002）中的Ⅴ类标准。项目生活污水与周边其他企业合建动力生活污水处理装置处理达到广东省地方标准《水污染物排放限值》（DB 44/26—2001）二级标准（第二时段）后，通过市政排污管网排入茅洲河，对茅洲河影响不大。

　　二、大气环境影响分析

　　项目电焊工艺产生的废气主要污染物为氮氧化物、CO、CO_2、烟尘、金属及其氧化物等；氩弧焊工艺产生的废气污染物主要为烟尘、臭氧、氮氧化物、一氧化碳等。焊接烟气为无组织排放。焊接烟气为分散飘浮于空气中的气溶胶，当焊接烟雾发生后，常常以烟雾形式滞留聚集于车间某一空间，影响车间内生产环境。本项目生产过程中产生的焊接废气较少，建议项目方选择通风地方进行施焊，车间内设置强制机械通排风设备，同时加强生产管理，保持车间内空气流通，尽可能减轻焊接废气排放对员工造成的影响。项目产生的焊接废气对周围环境影响很小。

三、噪声环境影响分析

项目生产过程中使用剪板机、折弯机、车床、铣床、锯床、氩弧焊机和电焊机等设备产生一定强度的噪声，其噪声值在 75～85 dB（A）。建议项目方合理布局生产设备，噪声较大的设备应进行适当的减振和降噪处理；机械设备加强维修保养，适时添加润滑油，防止机械磨损；车间的门窗部位选用隔声性能良好的铝合金或双层门窗结构；合理安排工作时间，噪声大的设备尽量避免在夜间操作；给员工佩戴耳罩等防护，减少噪声对员工身体健康的影响。经过墙体隔声和距离衰减后，项目边界处噪声值达到《工业企业厂界环境噪声排放标准》（GB 12348—2008）的 3 类标准要求，即厂区边界噪声昼间≤65 dB（A），夜间≤55 dB（A），不会对周围环境造成影响。

四、固体废物环境影响分析

项目生产过程中产生的边角料等一般固体废物，产生量约为 2 t/a，可回收利用。

生产过程中产生少量废电焊渣，各种机械设备运行及维修过程中产生的废机油、废抹布等危险废物（编号 HW08），产生量约为 0.2 t/a。危险废物是一类特殊的废物，不但污染空气、水源和土壤，还通过各种渠道危害环境与人体健康。对周围环境会产生一定的影响。为了减少危险废物对环境的影响，项目产生的危险废物应妥善处理处置，集中收集、分类储存，执行危险废物"六联单"制度，定期交市、区具有固废运营资质的单位（危险废物处理站或工业废物处理站）统一处理，不得混入废水和一般生活垃圾。

项目生活垃圾产生量 1.5 t/a。若不采取措施堆放，会对周围环境造成一定的影响。因此项目产生的生活垃圾应按指定地点堆放，并每日由环卫部门清理运走。对垃圾堆放点进行定期的清洁消毒，杀灭害虫，以免散发恶臭，滋生蚊蝇，影响工厂周围环境。

固体废物处置率达到 100%，不会对周围环境造成影响。

十、"建设项目拟采取的防治措施及预期治理效果"表编制

此表内容包含两方面的内容：（1）建设单位计划采取的环保措施；（2）必须补充和改进的环保措施，具体内容要和环境影响分析中相关的内容一致。其中"预防治理效果"栏应根据"至少达标排放"的要求进行填写，指出相应排放标准的名称及级别。具体填写样板见表 4-19。

表4-19 机械加工项目"拟采取的防治措施及预期治理效果"表（示例）

内容 类型	排放源 （编号）	污染物名称	防治措施	预期治理效果
大气污染物	电焊工艺	氮氧化物 CO、CO$_2$、烟尘、金属及其氧化物	项目方选择通风地方进行施焊，加强管理，车间内设置强制机械通排风设备	无组织排放，对周围空气环境影响很小
	氩弧焊工艺	烟尘、臭氧、氮氧化物、一氧化碳		
水污染物	生活污水	COD	与周边其他企业合建动力生活污水处理装置处理后排放	达到广东省地方标准《水污染物排放限值》（DB 44/26—2001）二级标准（第二时段）
		BOD$_5$		
		NH$_3$-N		
		SS		
固体废物	一般固体废物	边角料	回收处理	符合相关环保要求，不会对周围环境造成影响
	危险废物	废电焊渣，废机油、废抹布等	交有资质单位处理处置	
	生活垃圾	生活垃圾	由环卫部门统一收集处理	
噪声	经隔声、减振、消声等综合治理，项目边界处噪声值达到《工业企业厂界环境噪声排放标准》（GB 12348—2008）的3类标准要求，即厂区边界噪声昼间≤65 dB（A）、夜间≤55 dB（A）			
其他				

生态保护措施及预期效果：

本项目租用已建成厂房建设，生产过程中无有毒污染物产生。因此，项目对附近的生态环境等无明显影响，无须采取特别的生态保护措施。

十一、"结论与建议"表编制

1. 结论的组成

结论部分一般包含以下几部分：（1）工程内容概括及评价结论；（2）环境质量现状评价结论；（3）环境影响分析结论；（4）综合评价结论。个别项目需要增加环境风险评价的，还需要给出环境风险评价结论。有的项目公众反映较为强烈（如建在居民区附近的歌舞厅、垃圾中转压缩站等），需要补充公众参与意见分析，在这里也要给出公众意见的调查统计结果。

2．结论内容的来源及要求

结论的每一部分的内容都来自前面报告表相应栏目，当前面表格栏目做相应修改后，结论部分也应做相应修改。各部分结论内容要求如下：

（1）工程内容概括及评价结论

这部分主要是简要介绍项目的建设内容，重点是介绍项目建设地点、主要产品或服务的类型及规模、主要污染来源及其主要污染物的排放量。然后给出项目建设内容合法性评价结论（是否符合产业政策及其他法规要求）。

（2）环境质量现状评价结论

按照环境要素分别给出最终的现状评价结论。可以直接拷贝"环境质量状况"栏的每一环境要素的最后总的评价结论文字。

（3）环境影响评价结论

按照施工期、营运期及环境要素分别给出最终的影响分析评价结论。可以直接拷贝"环境影响分析"表中每一环境要素的最后总的影响分析评价结论文字。

（4）环境风险评价结论

如果是具有高风险性的项目（如加油站、加气站）一般还要在环境影响评价部分增加环境风险评价专题。在这里要专门给出环境风险专题评价的结论。

（5）公众参与结果

对个别公众反映强烈的环境影响报告表项目，也要在环境影响分析部分补充公众参与意见的调查及统计分析。在这里要专门给出公众参与意见的统计结果。

（6）综合评价结论

综合评价就是综合以上的各部分评价结论，最后给出项目在拟选址建设环境保护方面是否可行的结论。一般要明确项目建设内容及选址是否合理合法，环境影响是否可以接受，项目建设从环境保护角度是否可行或在何种条件下可行。

3．建议的内容

建议部分是有针对性地提出进一步改进和完善的环保措施要求。一般不作为环境管理部门对项目竣工环境保护验收的内容，仅作为项目进一步提高环境管理水平的参考意见。例如，建议推行具体的清洁生产及节能措施，减少物耗、水耗、能耗；建议推行 ISO 14000 环境管理认证制度，提高企业环境管理水平；建议加强厂区绿化，既净化空气又美化环境，等等。

这里要注意建议内容不能和前面环境影响分析内容中提出的补充和改进的环境保护措施要求混淆。在环境影响分析部分提出的补充和改进环保措施是确保项目排放污染物达标及符合法规规定，建设单位必须采取的措施，是需要纳入项目竣工环境保护验收内容的。

表 4-20　结论与建议（示例）

1. 工程概况
深圳市×××机械设备有限公司在深圳市光明新区×××开办，投产后生产规模为机械设备 20 套/a。项目拟用员工 10 人，均不在厂内食宿。每天工作 8 h，年工作时间 300 d。项目的建设符合国家及广东省的产业政策要求。
2. 建设项目周围环境质量现状评价结论
（1）水环境质量现状：茅洲河水质符合《地表水环境质量标准》（GB 3838—2002）中的 V 类标准。
（2）大气环境质量现状：各监测因子符合《环境空气质量标准》（GB 3095—1996）及"修改单"（环发〔2000〕1 号）中的二级标准，环境空气质量现状良好。
（3）声环境质量现状：评价区域噪声环境质量符合《声环境质量标准》（GB 3096—2008）中的 3 类标准，声环境质量较好。
3. 环境影响评价结论
（1）施工期环境影响评价结论
本项目租用已建成厂房进行生产，施工期对周围环境的影响很小。
（2）营运期环境影响评价结论
①水环境影响评价结论：项目生产过程中无工业废水产生，外排污水主要为员工的生活污水，生活污水排放量为 0.45 m³/d（135 m³/a）。项目产生的生活污水与周边其他企业合建动力生活污水处理装置处理后达到《水污染物排放限值》（DB 44/26—2001）二级标准（第二时段），通过市政排污管网排入茅洲河，对茅洲河影响不大。
②大气环境影响评价结论：项目生产过程中产生的焊接废气为无组织排放。建议项目方选择通风地方进行施焊，车间内设置强制机械通排风设备，同时应加强生产管理，保持车间内空气流通，减轻车间废气排放对员工及大气环境造成的污染。对周围空气环境影响很小。
③声环境影响评价结论：项目主要噪声源为生产过程中使用机械设备，其噪声值在 75～85 dB（A）。合理布局生产设备，通过隔声、消声、吸声和减振等综合治理措施，项目边界处噪声值可达到《工业企业厂界环境噪声排放标准》（GB 12348—2008）的 3 类标准要求，对周围声环境影响很小。
④固体废物影响结论：项目生产过程中的边角料回收利用；生产过程中产生的废电焊渣和各种机械设备运行及维修过程中产生的废机油、废抹布等危险废物交有资质单位处理；员工生活垃圾由环卫部门统一处理。项目产生的固体废弃物得到妥善处理，不会对周围环境造成影响。
4. 结论
本项目建设内容符合国家及地方产业政策，选址合法合理。项目所在地环境质量状况良好。

项目建设对周围环境存在一定的影响，建设单位应落实本报告提出的各项污染防治措施，认真执行"三同时"制度，确保环保设施正常运行，污染物达标排放，则项目对环境的影响是可以接受的。本项目的建设从环保角度分析是可行的。

5．建议

（1）实行清洁生产审核及节能审计，尽可能减少污染的产生和资源能源消耗。

（2）实行 ISO 14000 环境管理认证，提高环境管理水平。

（3）定期为职工进行职业病体检，并及时救治职业病患者，确保员工身心健康。

十二、"附件及附图"编制

1．必要的附图

（1）项目地理位置图

报告表项目的地理位置图可用 Word 或 WPS 等文字编辑软件中的绘图工具进行绘制。先扫描项目所在区域的纸质版地图或者拷贝电子版地图，要求把项目位置放在图的中央，然后对项目位置进行标注，并补充方位标志和比例尺。

（2）项目四至图

报告表项目四至图同样可用 Word 或 WPS 等文字编辑软件中的绘图工具进行绘制。图上同样需要标注项目位置及方位，如果是示意图（不是等比例绘制的图），就要标注项目边界到附近标志物的距离，等比例图形则要画出线段比例尺。

（3）项目平面布局图

平面布局图的原始图件一般由建设单位提供，环评机构进行细化加工处理。如果建设单位提供的是书面纸质版图件，环评机构要转化为电子版后进行加工处理。评价机构对建设单位提供的平面布局图的细化加工工作主要是补充原平面图上没有的污染产生点、污染治理设施、污染排放口等标志，或者是增加改造部分的位置。

2．必要的附件

（1）项目环评委托书

项目环评委托书可由评价机构拟定草稿，然后交建设单位核实修正后盖章或签字确认。环境影响评价委托书上应明确项目名称、委托的评价机构全称、建设单位全称、委托日期等基本信息。

（2）建设项目环评审批基础信息表

《建设项目环评审批基础信息表》是每一个项目的环境影响评价文件都必须配备的基本信息表。环境影响评价文件审批机关以该表的相关信息对项目进行登记。

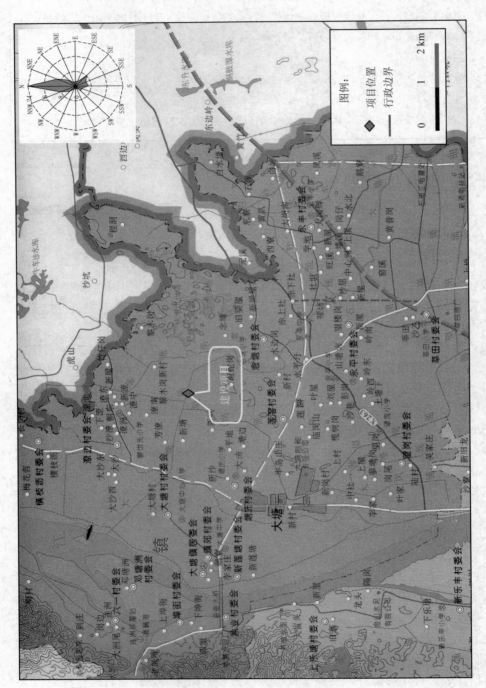

附图 1　项目地理位置图

附图2　项目四至情况图

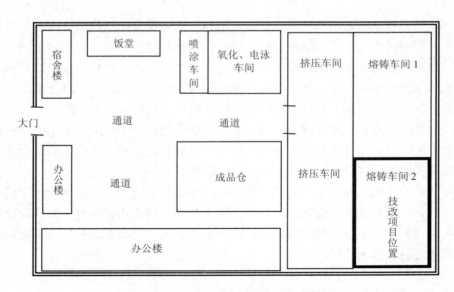

附图3　某项目的简易平面布局示意图

3. 《建设项目环评审批基础信息表》填写

《建设项目环评审批基础信息表》见附录五。填写时需要注意以下几点：

（1）所有内容来自于报告表正文，不允许与正文内容有不一致的地方；

（2）必须有填表人和项目经办人的亲笔签名；

（3）必须有填表单位（建设单位）加盖公章；

（4）表中的"污染物排放量"表格的格式是按照"三本账"设计的。如果是新建项目，则现有工程部分不用填写，总体工程部分的"以新带老"削减量也不用填。表中数据要特别注意表格下方的有关数量单位的注释，正文中的数据单位与本表格注释所要求的单位不一致的，要换算后填写，不能直接复制相关数据。

（5）要注意各数据指标间的数学逻辑关系（详细见表格下方的注释）。

十三、报告表项目增加的评价专题编写

确定是编制环境影响报告表类型的项目，当某一环境要素的污染较复杂或者项目所处位置该环境要素较为敏感时，环境影响评价文件审批部门可以要求增加该要素的评价专题分析报告作为该报告表的附件。当一个项目的评价专题分析报告数量多于两个时，该项目应当改为编制环境影响报告书。报告表所附的评价专题分析报告应参照报告书的相应格式进行编制，具体要求简要介绍如下：

（1）对于水、气、声、生态等环境要素的专题分析评价，应根据相应要素的评价技术导则进行全面系统的分析与评价。例如，水环境影响评价的专题分析报告，应先进行该项目详细的水污染源分析，然后确定水环境评价等级、评价范围、评价因子，按照评价等级确定水环境现状监测方案并进行监测与评价，按照评价等级及纳污水体水文特征进行项目的水环境影响预测与评价，有针对性地进行水环境保护措施的可行性分析，提出有针对性的水污染防治监管和监测方案制度等。

（2）若是公众参与的专题分析报告，应说明公众参与的原因，给出公众参与意见调查方案，对公众参与意见调查结果进行统计分析，对持反对意见的公众进行回访反馈，并给出这些公众对反馈意见的接受程度等。

（3）若是环境风险评价专题分析报告，应根据项目使用的危险物质的存储量分析出项目是否存在重大危险源，然后结合环境敏感性确定项目环境风险评价等级。根据风险评价等级进行项目的环境风险源项分析、最大可信事故分析、环境风险影响预测或分析、提出环境风险防范措施、拟定项目环境风险应急预案等。

十四、环境影响登记表的填写

《建设项目环境影响登记表》见附录四。

【思考与练习】

1. 建设项目环境影响报告表的 14 个部分中哪些是需要由评价技术人员编写的，为什么？

2. 项目基本信息表格中哪些内容是可以不需填写的，为什么？如果建设单位提供的项目基本信息不全，如何处理？

3. "工程内容及规模"部分由哪几部分组成？为什么工程概况中要说明项目生产经营天数和具体作业和营业时间？

4. 为什么排在前面的"污染物排放标准"栏和"总量控制建议指标"栏要在排在后面的"建设项目工程分析"表完成后填写？

5. "建设项目环评审批基础信息表"的哪些内容是来自项目环境影响报告表的正文部分，相关污染产生与排放数据是否和正文完全一样？

6. 请根据教材中"主要污染工序"部分的"补充样例一"的材料，计算并编制项目"总量控制建议指标"栏和"项目主要污染物产生及预计排放情况"表。

7. 请根据教材中"施工期环境影响分析"部分的"补充样例四"的材料，编制"建设项目拟采取的防治措施及预期治理效果"表。

实训十　编制建设项目环境影响报告表

实训目的：

　　学会编制建设项目环境影响报告表，学会填写建设项目环评审批基础信息表。

实训学时安排： 18 学时。

实训场地要求： 电脑机房或个人手提电脑、环境现状野外调查基地。

实训工具材料：

　　1. 建设单位提供的项目基本资料（由教师代替提供）。

　　2. 电脑：安装 Office 等办公软件、Coreldraw 等制图软件，能够上互联网，存储有电子版的国家及地方的环境保护法律法规、产业政策、环境标准、地方环境功能区划等文件。

　　3. 电子版的"建设项目环境影响报告表"和"建设项目环评审批基础信息表"空白模板。

　　4. 纸质版或电子版的实际项目的"建设项目环境影响报告表"样例。

实训方法： 由学生根据教师给定的实训材料独立完成电子版文件编制。

实训步骤：

　　第一步：根据现有资料，分析确定编制报告表还需要建设单位补充项目资料。

　　教师按照已经完成的实际项目的环境影响报告表内容，给定部分建设单位提供的资料，让每组学生分析尚缺哪些应该由建设单位提供或明确的资料，并列出所缺资料的详细清单。

　　第二步：教师扮演建设单位代表给学生补充相关资料。

　　教师根据每组学生提出的补充资料清单，以建设单位名义补充相关资料。对学生列出的资料的具体含义和深度有模糊不清的，教师扮演建设单位代表进行询问核实。

　　第三步：每组学生模拟进行项目四至情况现场调查。

　　教师给定的项目应尽可能在学院附近，方便学生就近展开现状调查。学生根据建设项目环境现状调查的基本要求，调查记录拍摄项目四至情况，现场绘制出现状草图。

　　第四步：分析项目建设内容及选址合理合法性，拟定环境影响评价委托书。

　　根据项目建设内容和现状调查资料，结合相关法律法规和产业政策，分析项目建设内容中是否有列入限制或禁止淘汰类的内容，分析项目选址是否在法律法规规定的限制或禁止建设的环境敏感区域。如果有相关内容，应向建设单位代表（教师扮演）提出更换或更改建议。在此条件下，代替建设单位拟定一份由建设单位填写的环境影响评价委托书初稿。

第五步：填写报告表封面、项目基本信息表。

把建设单位提供的基本情况资料填写在封面的项目名称、建设单位及项目基本信息表的相关表格内。

第六步：编制"工程内容及规模"栏。

根据建设内容资料，按照"工程内容及规模"栏的编制要求，编制相关内容，绘制出项目平面布局图。

第七步：编制"与本项目有关的原有污染情况及主要环境问题"栏。

根据现状调查结果，编制说明项目四周情况及存在的主要污染源和主要环境问题，按照四至图绘制技术要求绘制正式的项目四至图。

第八步：调查项目所在位置的环境功能属性，填写"建设项目所在地自然环境和社会环境概况表"。

首先，搜集项目地理位置地图（可用电子地图），确定项目地理位置，绘制出项目地理位置图；其次，调查项目所在位置的环境功能属性，填写建设项目环境功能属性表；最后，搜集填写项目所在区域的自然环境和社会环境概况资料。

第九步：编制"环境质量状况表"。

首先，搜集项目所在地的水、气、声环境的监测数据资料（可由教师模拟提供历史数据），结合项目环境功能属性表，编制"建设项目所在地区域环境质量现状及主要环境问题"栏。其次，根据项目四至情况调查结果，编制"主要环境保护目标"栏。

第十步：进行项目工程分析，确定项目主要污染源和主要污染物及其源强大小。

根据项目工程内容及规模资料和工程分析的技术方法，编制"工艺流程简述"和"主要污染工序"栏。

第十一步：确定项目执行的环境质量标准和排污标准，编制环境质量状况。

根据项目环境功能属性表和上一步的工程分析结果，利用电脑中或互联网上的环境标准资料，确定项目所在区域执行的环境质量标准和项目排污标准，填写"环境标准"表的"环境质量标准"栏和"污染物排放标准"栏。

第十二步：填写"总量控制建议指标"栏和"项目主要污染物产生及预计排放情况"表。

根据工程分析结果，计算并填写项目需要实行总量控制的污染物的年度排放总量建议指标。计算并填写"项目主要污染物产生及预计排放情况"表中的相关污染物"处理前产生浓度及产生量""处理后排放浓度及排放量"等表格。

第十三步：编制填写"环境影响分析表"。

首先，弄清楚项目施工期的具体施工内容，然后编制填写"施工期环境影响分析"栏。其次，要根据工程分析结果和环境现状调查结果，结合环保法律法规、环境标准的相关要求，对项目营运期环境影响进行分析。

第十四步：编制填写"建设项目拟采取的防治措施及预期治理效果表"。

根据上一步环境影响分析的结果，把项目计划采取和必须补充的环境保护措施情况填写在"建设项目拟采取的防治措施及预期治理效果表"相应表格内。

第十五步：编制填写"结论与建议表"。

根据前面各部分的分析评价结论，按照"结论与建议表"的填写要求填写相关评价结论及有关建议。

第十六步：填写附件"建设项目环评审批基础信息表"。

根据上述报告表的内容及"建设项目环评审批基础信息表"填写技术要求，填写项目"建设项目环评审批基础信息表"相应内容。其中，填表单位、填表人及评价单位的相应表格信息可空着不填。

第十七步：制作附图、附件文件。

把所有附图（项目地理位置图、项目平面图、项目四至图、项目四至现状数码照片等）制作为一个插入图片的 Word 或 WPS 文档。

把所有附件（项目环评委托书初稿、建设项目环评审批基础信息表）制作为一个 Word 或 WPS 文档。

第十八步：提交电子版实训成果。

（1）建设项目环境影响报告表（正文）；（2）附图文件；（3）附件文件。

实训记录：（本项目实训结果以电子版方式提交。）

附　录

附录一

建设项目环境影响评价分类管理名录

第一条　为了实施建设项目环境影响评价分类管理，根据《中华人民共和国环境影响评价法》第十六条的规定，制定本名录。

第二条　根据建设项目特征和所在区域的环境敏感程度，综合考虑建设项目可能对环境产生的影响，对建设项目的环境影响评价实行分类管理。

建设单位应当按照本名录的规定，分别组织编制建设项目环境影响报告书、环境影响报告表或者填报环境影响登记表。

第三条　本名录所称环境敏感区是指依法设立的各级各类保护区域和对建设项目产生的环境影响特别敏感的区域，主要包括生态 保护红线范围内或者其外的下列区域：

（一）自然保护区、风景名胜区、世界文化和自然遗产地、海洋特别保护区、饮用水水源保护区；

（二）基本农田保护区、基本草原、森林公园、地质公园、重要湿地、天然林、野生动物重要栖息地、重点保护野生植物生长繁殖地、重要水生生物的自然产卵场、索饵场、越冬场和洄游通道、天然渔场、水土流失重点防治区、沙化土地封禁保护区、封闭及半封闭海域；

（三）以居住、医疗卫生、文化教育、科研、行政办公等为主要功能的区域，以及文物保护单位。

第四条　建设单位应当严格按照本名录确定建设项目环境影响评价类别，不得擅自改变环境影响评价类别。

环境影响评价文件应当就建设项目对环境敏感区的影响作重点分析。

第五条　跨行业、复合型建设项目，其环境影响评价类别按其中单项等级最高的确定。

第六条　本名录未作规定的建设项目，其环境影响评价类别由省级环境保护主管部门根据建设项目的污染因子、生态影响因子特征及其所处环境的敏感性质和敏感程度提出建议，报环境保护部认定。

第七条　本名录由环境保护部负责解释，并适时修订公布。

第八条　本名录自 2017 年 9 月 1 日起施行。2015 年 4 月 9 日公布的原《建设项目环境影响评价分类管理名录》（环境保护部令第 33 号）同时废止。

项目类别 \ 环评类别	报告书	报告表	登记表	本栏目环境敏感区含义
一、畜牧业				
1 畜禽养殖场、养殖小区	年出栏生猪 5 000 头（其他畜禽种类折合猪的养殖规模）及以上；涉及环境敏感区的	—	其他	第三条（一）中的全部区域；第三条（三）中的全部区域
二、农副食品加工业				
2 粮食及饲料加工	有发酵工艺的	除单纯分装和调和外的	—	
3 植物油加工	—	单纯分装或调和的	—	
4 制糖、糖制品加工	原糖生产	其他	—	
5 屠宰	年屠宰生猪 10 万头，肉牛 1 万头，肉羊 15 万只，禽类 1 000 万只及以上	其他		
6 肉禽类加工	—	年加工 2 万 t 及以上	其他	
7 水产品加工	—	鱼油提取及制品制造；年加工 10 万 t 及以上的；涉及环境敏感区的	其他	第三条（一）中的全部区域；第三条（三）中的全部区域
8 淀粉、淀粉糖	含发酵工艺的	其他（单纯分装除外）	单纯分装的	
9 豆制品制造	—	除手工制作和单纯分装外的	手工制作或单纯分装的	
10 蛋品加工	—	—	全部	
三、食品制造业				
11 方便食品制造	有提炼工艺的	其他（手工制作和单纯分装除外）	手工制作或单纯分装的	
12 乳制品制造	年加工 20 万 t 及以上	其他	—	
13 调味品、发酵制品制造	含发酵工艺的味精、柠檬酸、赖氨酸、酱油、醋等制造	其他（单纯分装除外）	单纯分装的	

项目类别 / 环评类别	报告书	报告表	登记表	本栏目环境敏感区含义
14 盐加工	—	全部	—	
15 饲料添加剂、食品添加剂制造	除单纯混合和分装外的	单纯混合或分装的	—	
16 营养食品、保健食品、冷冻饮品、食用冰制造及其他食品制造	有提炼工艺的	其他（手工制作和单纯分装除外）	其他（手工制作或单纯分装的）	
四、酒、饮料制造业				
17 酒精饮料及酒类制造	有发酵工艺的（以鲜葡萄或葡萄汁为原料生产能力 1 000 kL 以下的除外）	其他	—	
18 果菜汁类及其他软料制造	原汁生产	其他	—	
五、烟草制品业				
19 卷烟	年产 30 万箱及以上	其他	—	
六、纺织业				
20 纺织品制造	有洗毛、染整、脱胶工段的；产生缫丝废水、精练废水的	其他（编织物及其制品制造除外）	编织物及其制品制造	
七、纺织服装、服饰业				
21 服装制造	有湿法印花、染色、水洗工艺的	新建年加工 100 万件及以上	其他	
八、皮革、毛皮、羽毛及其制品和制鞋业				
22 皮革、毛皮、羽毛（绒）制品	制革、毛皮鞣制	其他	—	
23 制鞋业	—	使用有机溶剂的	其他	

项目类别	环评类别	报告书	报告表	登记表	本栏目环境敏感区含义
九、木材加工和木、竹、藤、棕、草制品业					
24	锯材、木片加工、木制品制造	有电镀或喷漆工艺且年用油性漆量（含稀释剂）10 t 及以上的	其他	—	
25	人造板制造	年产20万 m³ 及以上	其他	—	
26	竹、藤、棕、草制品制造	有喷漆工艺且年用油性漆量（含稀释剂）10 t 及以上的	有化学处理工艺的；有喷漆工艺且年用油性漆量（含稀释剂）10 t 以下的，或使用水性漆的	其他	
十、家具制造业					
27	家具制造	有电镀或喷漆工艺且年用油性漆量（含稀释剂）10 t 及以上的	其他	—	
十一、造纸和纸制品业					
28	纸浆、溶解浆、纤维浆等制造；造纸（含废纸造纸）	全部	—	—	
29	纸制品制造	—	有化学处理工艺的	其他	
十二、印刷和记录媒介复制业					
30	印刷厂；磁材料制品	—	全部	—	
十三、文教、工美、体育和娱乐用品制造业					
31	文教、工美、体育、娱乐用品制造	—	全部	—	
32	工艺品制造	有电镀或喷漆工艺且年用油性漆量（含稀释剂）10 t 及以上的	有喷漆工艺且年用油性漆量（含稀释剂）10 t 以下的，或使用水性漆的；有机加工的	其他	

项目类别＼环评类别	报告书	报告表	登记表	本栏目环境敏感区含义
十四、石油加工、炼焦业				
33 原油加工、天然气加工、油母页岩等提炼原油、煤制油、生物制油及其他石油制品	全部	—	—	
34 煤化工（含煤炭液化、气化）	全部	—	—	
35 炼焦、煤炭热解、电石	全部	—	—	
十五、化学原料和化学制品制造业				
36 基本化学原料制造；农药制造；涂料、染料、颜料、油墨及其类似产品制造；合成材料制造；专用化学品制造；炸药、火工及焰火产品制造；水处理剂等制造	除单纯混合和分装的除外的	单纯混合或分装的	—	
37 肥料制造	化学肥料（单纯混合和分装的除外）	其他	—	
38 半导体材料	全部	—	—	
39 日用化学品制造	除单纯混合和分装外的	单纯混合或分装的	—	
十六、医药制造业				
40 化学药品制造；生物、生化制品制造	全部	—	—	
41 单纯药品分装、复配	—	全部	—	
42 中成药制造、中药饮片加工	有提炼工艺的	其他	—	
43 卫生材料及医药用品制造		全部	—	

项目类别 / 环评类别	报告书	报告表	登记表	本栏目环境敏感区含义
十七、化学纤维制造业				
44 化学纤维制造	除单纯纺丝外的	单纯纺丝	—	
45 生物质纤维素乙醇生产	全部	—	—	
十八、橡胶和塑料制品业				
46 轮胎制造、再生橡胶制造、橡胶加工、橡胶制品制造及翻新	轮胎制造；有炼化及硫化工艺的	其他	—	
47 塑料制品制造	人造革、发泡胶等涉及有毒原材料的；以再生塑料为原料的；有电镀工艺或喷漆工艺且年用油性漆量（含稀释剂）10 t 及以上的	其他	—	
十九、非金属矿物制品业				
48 水泥制造	全部	—	—	
49 水泥粉磨站	—	全部	—	
50 砼结构构件制造、商品混凝土加工	—	全部	—	
51 石灰和石膏制造、石材加工、人造石制造、砖瓦制造	—	全部	—	
52 玻璃及玻璃制品	平板玻璃制造	其他玻璃制造；以煤、油、天然气为燃料加热的玻璃制品制造	—	
53 玻璃纤维及玻璃纤维增强塑料制品	—	全部	—	

项目类别	环评类别	报告书	报告表	登记表	本栏目环境敏感区含义
54	陶瓷制品	年产建筑陶瓷 100 万 m² 及以上；年产卫生陶瓷 150 万件及以上；年产日用陶瓷 250 万件及以上	其他	—	
55	耐火材料及其制品	石棉制品	其他	—	
56	石墨及其他非金属矿物制品	含焙烧的石墨、碳素制品	其他	—	
57	防水建筑材料制造、沥青搅拌站，干粉砂浆搅拌站	—	全部	—	
二十、黑色金属冶炼和压延加工业					
58	炼铁、球团、烧结	全部	—	—	
59	炼钢	全部	—	—	
60	黑色金属铸造	年产 10 万 t 及以上	其他	—	
61	压延加工	黑色金属年产 50 万 t 及以上的冷轧	其他	—	
62	铁合金制造；锰、铬冶炼	全部	—	—	
二十一、有色金属冶炼和压延加工业					
63	有色金属冶炼（含再生）	全部		—	
64	有色金属冶炼	全部		—	
65	有色金属铸造	年产 10 万 t 及以上	其他	—	
66	压延加工	—	全部	—	
二十二、金属制品业					
67	金属制品加工制造	有电镀或喷漆工艺且年用油性漆量（含稀释剂）10 t 及以上的	其他（仅切割组装除外）	仅切割组装的	

项目类别 / 环评类别	报告书	报告表	登记表	本栏目环境敏感区含义
68 金属制品表面处理及热处理加工	有电镀工艺的；使用有机涂层的（喷粉、喷塑和电泳除外）；有钝化工艺其他的热镀锌		一	
二十三、通用设备制造业				
69 通用设备制造及维修	有电镀或喷漆工艺且年用油性漆量（含稀释剂）10 t 及以上的	其他（仅组装的除外）	仅组装的	
二十四、专用设备制造业				
70 专用设备制造及维修	有电镀或喷漆工艺且年用油性漆量（含稀释剂）10 t 及以上的	其他（仅组装的除外）	仅组装的	
二十五、汽车制造业				
71 汽车制造	整车制造（仅组装的除外）；发动机生产；有电镀或喷漆工艺且年用油性漆量（含稀释剂）10 t 及以上的零部件生产	其他	一	
二十六、铁路、船舶、航空航天和其他运输设备制造业				
72 铁路运输设备制造及修理	机车、车辆、动车组制造；发动机生产；有电镀或喷漆工艺且年用油性漆量（含稀释剂）10 t 及以上的零部件生产	其他	一	
73 船舶和相关装置制造及维修	有电镀或喷漆工艺且年用油性漆量（含稀释剂）10 t 及以上的；拆船、修船厂	其他	一	
74 航空航天器制造	有电镀或喷漆工艺且年用油性漆量（含稀释剂）10 t 及以上的	其他	一	
75 摩托车制造	整车制造（仅组装的除外）；发动机生产；有电镀或喷漆工艺且年用油性漆量（含稀释剂）10 t 及以上的零部件生产	其他	一	

项目类别	环评类别	报告书	报告表	登记表	本栏目环境敏感区含义
76	自行车制造	有电镀或喷漆工艺且年用油性漆量（含稀释剂）10 t及以上的	其他	—	
77	交通器材及其他交通运输设备制造	有电镀或喷漆工艺且年用油性漆量（含稀释剂）10 t及以上的	其他（仅组装的除外）	仅组装的	
二十七、电气机械和器材制造业					
78	电气机械及器材制造	有电镀或喷漆工艺且年用油性漆量（含稀释剂）10 t及以上的；铅蓄电池制造	其他（仅组装的除外）	仅组装的	
79	太阳能电池片	太阳能电池片生产	其他	—	
二十八、计算机、通信和其他电子设备制造业					
80	计算机制造	显示器件；含前工序的集成电路	有分割、焊接、酸洗或有机溶剂清洗工艺的	其他	
81	电子真空器件、集成电路、半导体分立器件制造、光电子器件、其他电子器件制造等	显示器件；含前工序的集成电路	有分割、焊接、酸洗或有机溶剂清洗工艺的	其他	
82	印刷电路板、电子元件及组件制造	印刷电路板	有分割、焊接、酸洗或有机溶剂清洗工艺的	其他	
83	电子陶瓷、有机薄膜、荧光粉、贵金属粉等电子专用材料	全部	—	—	
84	电子配件组装	—	有分割、焊接（手工焊接除外）、酸洗或有机溶剂清洗工艺的	其他	

项目类别 / 环评类别	报告书	报告表	登记表	本栏目环境敏感区含义
二十九、仪器仪表制造业				
85 仪器仪表制造	有电镀或喷漆工艺且年用油性漆量（含稀释剂）10 t 及以上的	其他（仅组装的除外）	仅组装的	
三十、废弃资源综合利用业				
86 废旧资源（含生物质）加工、再生利用	废电子电器产品、废电池、废汽车、废电机、废五金、废塑料（除分拣清洗工艺的）、废油、废船、废轮胎等加工、再生利用	其他	—	
三十一、电力、热力生产和供应业				
87 火力发电（含热电）	除燃气发电工程外的	燃气发电的	—	
88 综合利用发电	利用矸石、油页岩、石油焦等发电	单纯利用余热、余压、余气（含煤层气）发电	—	
89 水力发电	总装机 1 000 kW 及以上；抽水蓄能电站；涉及环境敏感区的	其他	—	第三条（一）中的全部区域；第三条（二）中的重要水生生物的自然产卵场、索饵场、越冬场和洄游通道
90 生物质发电	生活垃圾、污泥发电	利用农林生物质、沼气发电，垃圾填埋气发电	—	
91 其他能源发电	海上潮汐电站、波浪电站、温差电站等；涉及环境敏感区的总装机容量 5 万 kW 及以上的风力发电	利用地热、太阳能热等发电；地面集中光伏发电站（总容量大于 6 000 kW，且接入电压等级不小于 10 kV）；其他风力发电	其他光伏发电	第三条（一）中的全部区域；第三条（二）中的重要水生生物的自然产卵场、索饵场、天然渔场；第三条（三）中的全部区域
92 热力生产和供应工程	燃煤、燃油锅炉总容量 65 t/h（不含）以上	其他（电热锅炉除外）	—	

项目类别 / 环评类别	报告书	报告表	登记表	本栏目环境敏感区含义
三十二、燃气生产和供应业				
93 煤气生产和供应工程	—	煤气生产	—	
94 城市天然气供应工程	—	全部	—	
三十三、水的生产和供应业				
95 自来水生产和供应工程	—	全部	—	
96 生活污水集中处理	新建、扩建日处理 10 万 t 及以上	其他	—	
97 工业废水处理	新建、扩建集中处理的	其他	—	
98 海水淡化、其他水处理和利用	—	全部	—	
三十四、环境治理业				
99 脱硫、脱硝、除尘等工程	—	脱硫、脱硝	除尘	
100 危险废物（含医疗废物）利用及处置的（单独收集、病死动物化尸体的（井）除外）	—	其他	—	
101 一般工业固体废物（含污泥）处置及综合利用（采取填埋和焚烧方式的）	—	其他	—	
102 污染场地治理修复	—	全部	—	
三十五、公共设施管理业				
103 城镇生活垃圾转运站	—	全部	—	
104 城镇生活垃圾（含餐厨废弃物）集中处置	全部		—	
105 城镇粪便处置工程	—	日处理 50 t 及以上	其他	
三十六、房地产				
106 房地产开发、宾馆、酒店、办公用房等	—	建筑面积 5 万 m² 及以上：涉及环境敏感区的	其他	第三条（一）中的全部区域

项目类别	环评类别	报告书	报告表	登记表	本栏目环境敏感区含义
三十七、研究和试验发展					
107	专业实验室	P3、P4 生物安全实验室;转基因实验室	其他	—	
108	研发基地	含医药、化工类等专业中试内容的	其他	—	
三十八、专业技术服务业					
109	矿产资源地质勘查(含勘探活动和油气资源勘探)	—	除海洋油气勘探工程外的	海洋油气勘探工程	
110	动物医院	—	全部	—	
三十九、卫生					
111	医院、专科防治院(所、站)、社区医疗、卫生院(所、站)、血站、急救中心、疗养院等其他卫生机构	新建、扩建床位100张及以上的	其他(20张床位以下的、中医门诊除外)	20张床位以下的、中医门诊	
112	疾病预防控制中心	新建	其他	—	
四十、社会事业与服务业					
113	学校、幼儿园、托儿所、福利院、养老院	—	建筑面积 5 万 m^2 及以上;有实验室的学校(P3、P4 生物安全实验室除外)	其他(建筑面积 5 000 m^2 以下的除外)	
114	批发、零售市场	—	营业面积 5 000 m^2 及以上	其他	
115	餐饮、娱乐、洗浴场所	—	全部	—	
116	体育场、体育馆	—	占地面积 2.2 万 m^2 及以上	其他	

项目类别	环评类别	报告书	报告表	登记表	本栏目环境敏感区含义
117	高尔夫球场、滑雪场、狩猎场、赛车场、跑马场、射击场、水上运动中心	高尔夫球场	其他	一	
118	展览馆、博物馆、美术馆、影剧院、音乐厅、文化馆、图书馆、档案馆、纪念馆	一	占地面积 3 万 m² 及以上	其他	
119	公园（含动物园、植物园、主题公园）	特大型、大型主题公园	其他	一	
120	旅游开发	缆车、索道建设；海上娱乐及运动、海上景观开发	其他		
121	影视基地建设	涉及环境敏感区的			第三条（一）中的全部区域；第三条（二）中的基本草原、森林、地质公园、天然林、重要湿地、野生动物重要栖息地、重点保护野生植物生长繁殖地；第三条（三）中的全部区域
122	胶片洗印厂	一	全部		
123	驾驶员训练基地、公交板纽、大型停车场	一	涉及环境敏感区的	其他	第三条（一）中的全部区域；第三条（三）中的全部区域
124	加油、加气站	一	新建、扩建	其他	
125	洗车场	一	营业面积 1 000 m² 及以上；涉及环境敏感区的	其他	第三条（一）中的全部区域；第三条（二）中的基本农田保护区
126	汽车、摩托车维修场所	一	营业面积 5 000 m² 及以上；涉及环境敏感区的	其他	第三条（一）中的全部区域；第三条（二）中的基本农田保护区

项目类别	环评类别	报告书	报告表	登记表	本栏目环境敏感区含义
127	殡仪馆、陵园、公墓	—	殡仪馆；涉及环境敏感区的	其他	第三条（一）中的全部区域；第三条（二）中的基本农田保护区；第三条（三）中的全部区域
四十一、煤炭开采和洗选业					
128	煤炭开采	全部	—	—	
129	洗选、配煤	—	全部	—	
130	煤炭储存、集运	—	全部	—	
131	型煤、水煤浆生产	—	全部	—	
四十二、石油和天然气开采业					
132	石油、页岩油开采	石油开采新区块开发；页岩油开采	其他	—	
133	天然气、页岩气、砂岩气开采（含净化、液化）	新区块开发	其他	—	
134	煤层气开采（含净化、液化）	年生产能力1亿 m³ 及以上；涉及环境敏感区的	其他	—	第三条（一）中的全部区域；第三条（二）中的基本草原、水土流失重点防治区、沙化土地封禁保护区；第三条（三）中的全部区域
四十三、黑色金属采选业					
135	黑色金属矿采选（含单独尾矿库）	全部	—	—	
四十四、有色金属采选业					
136	有色金属矿采选（含单独尾矿库）	全部	—	—	

项目类别 / 环评类别	报告书	报告表	登记表	本栏目环境敏感区含义
四十五、非金属矿采选业				
137 土砂石、石材开采加工	涉及环境敏感区的	其他	—	第三条（一）中的全部区域；第三条（二）中的基本草原、重要水生生物的自然产卵场、索饵场、越冬场和洄游通道、沙化土地封禁保护区、水土流失重点防治区
138 化学矿采选	全部	—	—	
139 采盐	井盐	湖盐、海盐	—	
140 石棉及其他非金属矿采选	全部	—	—	
四十六、水利				
141 水库	库容1 000万 m³ 及以上；涉及环境敏感区的	其他	—	第三条（一）中的全部区域；第三条（二）中的重要水生生物的自然产卵场、索饵场、越冬场和洄游通道
142 灌区工程	新建5万亩及以上	其他	—	
143 引水工程	跨流域调水；大中型河流引水；小型河流年引水总量占天然年径流量1/4及以上；涉及环境敏感区的	其他	—	第三条（一）中的全部区域；第三条（二）中的重要水生生物的自然产卵场、索饵场、越冬场和洄游通道
144 防洪治涝工程	新建大中型	其他（小型沟渠的护坡除外）	—	

项目类别	环评类别	报告书	报告表	登记表	本栏目环境敏感区含义
145	河湖整治	涉及环境敏感区的	其他	—	第三条（一）中的全部区域；第三条（二）中的重要湿地、野生动物重要栖息地、重点保护野生生物生长繁殖场、越冬场、索饵场、重要水生生物的自然产卵场和洄游通道；第三条（三）中的文物保护单位
146	地下水开采	日取水量1万 m³ 及以上；涉及环境敏感区的	其他	—	第三条（一）中的全部区域；第三条（二）中的重要湿地
四十七、农业、林业、渔业					
147	农业垦殖	—	涉及环境敏感区的	其他	第三条（一）中的全部区域；第三条（二）中的基本草原、重要湿地、水土流失重点防治区
148	农产品基地项目（含药材基地）	—	涉及环境敏感区的	其他	第三条（一）中的全部区域；第三条（二）中的基本草原、重要湿地、水土流失重点防治区
149	经济林基地项目	—	原料林基地	其他	第三条（一）中的全部区域
150	淡水养殖	—	网箱、围网等投饵养殖；涉及环境敏感区的	其他	第三条（一）中的全部区域
151	海水养殖	—	用海面积300亩及以上；涉及环境敏感区的	其他	第三条（一）中的自然保护区、海洋特别保护区；第三条（二）中的重要湿地、重点保护野生生物的自然生长繁殖地、重要水生生物的自然产卵场、索饵场、天然渔场、封闭及半封闭海域

项目类别	环评类别	报告书	报告表	登记表	本栏目环境敏感区含义
四十八、海洋工程					
152 海洋人工鱼礁工程		—	固体物质投放量5 000 m³及以上；涉及环境敏感区的	其他	第三条（一）中的自然保护区、海洋特别保护区；第三条（二）中的野生动植物重要栖息地，重点保护野生植物生长繁殖地，重要水生生物的自然产卵场、索饵场，天然渔场，封闭及半封闭海域
153 围填海工程及海上堤坝工程		围填海工程及海上堤坝工程；长度0.5 km及以上的海上堤坝工程；涉及环境敏感区的	其他	—	第三条（一）中的自然保护区、海洋特别保护区；第三条（二）中的重要湿地，野生动物重要栖息地、重点保护野生植物生长繁殖地，重要水生生物的自然产卵场、索饵场，天然渔场，封闭及半封闭海域
154 海上和海底物资储藏设施工程		全部	—	—	
155 跨海桥梁工程		全部	—	—	
156 海底隧道、管道、电（光）缆工程		长度1.0 km及以上的	其他	—	
四十九、交通运输业、管道运输业和仓储业					
157 等级公路		新建30 km以上的三级及以上等级公路；新建涉及环境敏感区的1 km及以上的独立隧道；新建涉及环境敏感区的主桥长度1 km及以上的独立桥梁	其他（配套设施、公路维护、四级以下公路除外）	配套设施，公路维护，新建四级公路	第三条（一）中的全部区域；第三条（二）中的全部区域；第三条（三）中的全部区域

项目类别 / 环评类别	报告书	报告表	登记表	本栏目环境敏感区含义
158 新建、增建铁路	新建、增建铁路（30 km 及以下铁路联络线和 30 km 及以下铁路专用线除外）；涉及环境敏感区的	30 km 及以下铁路联络线和 30 km 及以下铁路专用线	一	第三条（一）中的全部区域；第三条（二）中的全部区域；第三条（三）中的全部区域
159 改建铁路	200 km 及以上的电气化改造（线路和站场不发生调整的除外）	其他	一	
160 铁路枢纽	大型枢纽	其他	一	
161 机场	新建；迁建；飞行区扩建	其他		
162 导航台站、供油工程、维修保障等配套工程	一	供油工程；涉及环境敏感区的	其他	第三条（三）中的以居住、医疗卫生、文化教育、科研、行政办公等为主要功能的区域
163 油气、液体化工码头	新建；扩建	其他		
164 干散货（含煤炭、矿石）、件杂、多用途、通用码头	单个泊位 1 000 t 级及以上的内河港口；单个泊位 1 万 t 级及以上的沿海港口；涉及环境敏感区的	其他		第三条（一）中的全部区域；第三条（二）中的重要水生生物的自然产卵场、索饵场、越冬场和洄游通道、天然渔场
165 集装箱专用码头	单个泊位 3000 t 级及以上的内河港口；单个泊位 3 万 t 级及以上的海港；涉及环境敏感区的	其他		第三条（一）中的全部区域；第三条（二）中的重要水生生物的自然产卵场、索饵场、越冬场和洄游通道、天然渔场
166 滚装、客运、工作船、游艇艇码头		涉及环境敏感区的	其他	第三条（一）中的全部区域；第三条（二）中的重要水生生物的自然产卵场、索饵场、越冬场和洄游通道、天然渔场
167 铁路轮渡码头		涉及环境敏感区的	其他	第三条（一）中的全部区域；第三条（二）中的重要水生生物的自然产卵场、索饵场、越冬场和洄游通道、天然渔场

项目类别	环评类别	报告书	报告表	登记表	本栏目环境敏感区含义
168	航道工程、水运辅助工程	航道工程；涉及环境敏感区的防波堤、船闸、通航建筑物	其他	—	第三条（一）中的全部区域；第三条（二）中的重要水生生物的自然产卵场、索饵场、越冬场和洄游通道，天然渔场
169	航电枢纽工程	全部	—	—	
170	中心渔港码头	涉及环境敏感区的	其他	—	第三条（一）中的全部区域；第三条（二）中的重要水生生物的自然产卵场、索饵场、越冬场和洄游通道，天然渔场
171	城市轨道交通	全部	—	—	
172	城市道路		全部（新建、扩建支路除外）	新建、扩建支路	
173	城市桥梁、隧道	—	全部（新建人行天桥或人行地道除外）	新建人行天桥或人行地道	
174	长途客运站	—	新建	其他	
175	城镇燃气管网及管廊建设（不含1.6 MPa及以下的天然气管道）	—	新建	其他	
176	石油、天然气、页岩气，成品油管线（不含城市天然气管线）	200 km及以上；涉及环境敏感区的	其他	—	第三条（一）中的全部区域；第三条（二）中的基本农田保护区、地质公园、重要湿地，天然林
177	化学品输送管线	全部	—	—	第三条（三）中的全部区域
178	油库（不含加油站的油库）	总容量20万 m³及以上；地下洞库	其他	—	

项目类别	环评类别 报告书	报告表	登记表	本栏目环境敏感区含义
179 气库（含LNG库，不含加气站的气库）	地下气库	其他	—	
180 仓储（不含油库、气库、煤炭储存）	—	有毒、有害及危险品的仓储、物流配送项目	其他	
五十、核与辐射				
181 输变电工程	500 kV 及以上；涉及环境敏感区的 330 kV 及以上	其他（100 kV 以下除外）	—	第三条（一）中的全部区域；第三条（三）中的以居住、医疗卫生、文化教育、科研、行政办公等为主要功能的区域
182 广播电台、差转台	中波 50 kW 及以上；短波 100 kW 及以上；涉及环境敏感区的	其他	—	第三条（三）中的以居住、医疗卫生、文化教育、科研、行政办公等为主要功能的区域
183 电视塔台	100 kW 及以上	其他	—	
184 卫星地球上行站	一站多台	一站单台	—	
185 雷达	多台雷达探测系统	单台雷达探测系统	—	
186 无线通信	—	—	全部	
187 核动力厂（核电厂、核热电厂、核供汽供热厂等）；反应堆（研究堆、实验堆、临界装置等）；核燃料生产、加工、贮存、后处理；放射性废物贮存、处理或处置；上述项目的退役	新建、扩建	主生产工艺或安全重要构筑物的重大变更，但项须不显著增加	核设施控制范围内不带放射性的实验室、试验装置、维修车间、仓库、办公设施等	

项目类别	环评类别			本栏目环境敏感区含义
	报告书	报告表	登记表	
188 铀矿开采、冶炼	新建、扩建及退役	其他	—	
189 铀矿地质勘探 退役治理	—	全部	—	
190 伴生放射性矿产资源的采选、冶炼及废渣再利用	新建、扩建	其他	—	
191 核技术利用建设项目（不含在已许可场所增加不超出已许可活动种类和不高于甲级范围的核素或射线装置）	生产放射性同位素的（制备PET用放射性药物的除外）；使用I类放射源的；销售（含II类射线装置的除外）；使用I类射线装置的制造、使用I类射线装置的；甲级非密封放射性物质工作场所	制备PET用放射性药物的；医疗使用I类放射源的；使用II类、III类放射源的；生产、使用II类射线装置的；销售乙、丙级非密封放射性物质的；在野外进行放射性同位素示踪试验的	销售I类、II类、III类、IV类、V类放射源的；使用IV类、V类放射源的；销售非密封放射性物质的；销售II类射线装置的；生产、销售、使用III类射线装置的	
192 核技术利用项目退役	生产放射性同位素的（制备PET用放射性药物的除外）；甲级非密封放射性物质工作场所	制备PET用放射性药物的；乙级非密封放射性物质工作场所；除水井式γ辐照装置外其他使用I类、II类、III类放射源的；使用I类、II类放射性污染的	丙级非密封放射性物质工作场所；除水井式γ辐照装置外其他使用I类、II类、III类放射源的；III类放射源场所不存在污染的	

说明：
（1）名录中涉及规模的，均指新增规模。
（2）单纯混合为不发生化学反应的物理混合过程；分装指大包装变为小包装。

附录二

建设项目环境影响评价资质管理办法

第一章　总　则

第一条　为加强建设项目环境影响评价管理，提高环境影响评价工作质量，维护环境影响评价行业秩序，根据《中华人民共和国环境保护法》《中华人民共和国环境影响评价法》和《中华人民共和国行政许可法》等有关法律法规，制定本办法。

第二条　为建设项目环境影响评价提供技术服务的机构，应当按照本办法的规定，向环境保护部申请建设项目环境影响评价资质（以下简称资质），经审查合格，取得《建设项目环境影响评价资质证书》（以下简称资质证书）后，方可在资质证书规定的资质等级和评价范围内接受建设单位委托，编制建设项目环境影响报告书或者环境影响报告表［以下简称环境影响报告书（表）］。

环境影响报告书（表）应当由具有相应资质的机构（以下简称环评机构）编制。

第三条　资质等级分为甲级和乙级。评价范围包括环境影响报告书的十一个类别和环境影响报告表的二个类别（具体类别见附件），其中环境影响报告书类别分设甲、乙两个等级。

资质等级为甲级的环评机构（以下简称甲级机构），其评价范围应当至少包含一个环境影响报告书甲级类别；资质等级为乙级的环评机构（以下简称乙级机构），其评价范围只包含环境影响报告书乙级类别和环境影响报告表类别。

应当由具有相应环境影响报告书甲级类别评价范围的环评机构主持编制环境影响报告书的建设项目目录，由环境保护部另行制定。

第四条　资质证书在全国范围内通用，有效期为四年，由环境保护部统一印制、颁发。

资质证书包括正本和副本，记载环评机构的名称、资质等级、评价范围、证书编号、有效期，以及环评机构的住所、法定代表人等信息。

第五条　国家鼓励环评机构专业化、规模化发展，积极开展环境影响评价技术研究，提升技术优势，增强技术实力，形成一批区域性和专业性技术中心。

第六条　国家支持成立环境影响评价行业组织，加强行业自律，维护行业秩序，组织开展环评机构及其环境影响评价工程师和相关专业技术人员的水平评价，建立健全行业内奖惩机制。

第二章　环评机构的资质条件

第七条　环评机构应当为依法经登记的企业法人或者核工业、航空和航天行业的事业单位法人。

下列机构不得申请资质：

（一）由负责审批或者核准环境影响报告书（表）的主管部门设立的事业单位出资的企业法人；

（二）由负责审批或者核准环境影响报告书（表）的主管部门作为业务主管单位或者挂靠单位的社会组织出资的企业法人；

（三）受负责审批或者核准环境影响报告书（表）的主管部门委托，开展环境影响报告书（表）技术评估的企业法人；

（四）前三项中的企业法人出资的企业法人。

第八条　环评机构应当有固定的工作场所，具备环境影响评价工作质量保证体系，建立并实施环境影响评价业务承接、质量控制、档案管理、资质证书管理等制度。

第九条　甲级机构除具备本办法第七条、第八条规定的条件外，还应当具备下列条件：

（一）近四年连续具备资质且主持编制过至少八项主管部门审批或者核准的环境影响报告书。

（二）至少配备十五名环境影响评价工程师。

（三）评价范围中的每个环境影响报告书甲级类别至少配备六名相应专业类别的环境影响评价工程师，其中至少三人主持编制过主管部门近四年内审批或者核准的相应类别环境影响报告书各二项。核工业环境影响报告书甲级类别配备的相应类别环境影响评价工程师中还应当至少三人为注册核安全工程师。

（四）评价范围中的环境影响报告书乙级类别以及核与辐射项目环境影响报告表类别配备的环境影响评价工程师条件应当符合本办法第十条第（二）项的规定。

（五）近四年内至少完成过一项环境保护相关科研课题，或者至少编制过一项国家或者地方环境保护标准。

第十条　乙级机构除具备本办法第七条、第八条规定的条件外，还应当具备下列条件：

（一）至少配备九名环境影响评价工程师。

（二）评价范围中的每个环境影响报告书乙级类别至少配备四名相应专业类别的环境影响评价工程师，其中至少二人主持编制过主管部门近四年内审批或者核准的环境影响报告书（表）各四项。核工业环境影响报告书乙级类别配备的相应类别环境影响评价工程师中还应当至少一人为注册核安全工程师。核与辐射项目环境影响报告表类别应当至少配备一名相应专业类别的环境影响评价工程师。

第十一条　乙级机构在资质证书有效期内应当主持编制至少八项主管部门审批或者核准的环境影响报告书（表）。

第三章　资质的申请与审查

第十二条　环境保护部负责受理资质申请。资质申请包括首次申请、变更、延续以及评价范围调整、资质等级晋级。

环评机构近一年内违反本办法相关规定被责令限期整改或者受到行政处罚的，不得申请评价范围调整和资质等级晋级。

第十三条　申请资质的机构应当如实提交相关申请材料，并对申请材料的真实性和准确性负责。申请材料的具体要求由环境保护部另行制定。

第十四条　环评机构有下列情形之一的，应当在变更登记或者变更发生之日起六十个工作日内申请变更资质证书中的相关内容：

（一）工商行政管理部门或者事业单位登记管理部门登记的机构名称、住所或者法定代表人变更的；

（二）因改制、分立或者合并等原因，编制环境影响报告书（表）的机构名称变更的。

第十五条　资质证书有效期届满，环评机构需要继续从事环境影响报告书（表）编制工作的，应当在有效期届满九十个工作日前申请资质延续。

第十六条　申请资质的机构应当通过环境保护部政府网站提交资质申请，并将书面申请材料一式三份报送环境保护部。

环境保护部对申请材料齐全、符合规定形式的资质申请，予以受理，并出具书面受理回执；对申请材料不齐全或者不符合规定形式的，在五个工作日内一次性告知申请资质的机构需要补正的内容；对不予受理的，书面说明理由。

环境保护部对已受理的资质申请信息在其政府网站予以公示。

第十七条　环境保护部组织对申请资质的机构提交的申请材料进行审查，并根据情况开展核查。

环境保护部自受理申请之日起二十个工作日内，依照本办法规定和申请资质的机构实际达到的资质条件做出是否准予资质的决定。必要时，环境保护部可以组织专家进行评审或者征求国务院有关部门和省级环境保护主管部门的意见，专家评审时间不计算在二十个工作日内。

环境保护部应当对是否准予资质的决定和申请机构资质条件等情况在其政府网站进行公示。公示期间无异议的，向准予资质的申请机构颁发资质证书；向不予批准资质的申请机构书面说明理由。

第十八条　因改制、分立或者合并等原因申请变更环评机构名称的，环境保护部应当根据改制、分立或者合并后机构实际达到的资质条件，重新核定其资质等级和评价范围。

甲级机构申请资质延续，符合本办法第七条、第八条规定和下列条件，但资质证书有效期内主持编制主管部门审批或者核准的环境影响报告书（表）少于八项的，按乙级资质延续，并按该机构实际达到的资质条件重新核定其评价范围：

（一）近四年连续具备资质。

（二）至少配备十五名环境影响评价工程师。评价范围中至少一个原有环境影响报告书甲级类别配备六名以上相应专业类别的环境影响评价工程师。

（三）近四年内至少完成过一项环境保护相关科研课题，或者至少编制过一项国家或者地方环境保护标准。

第十九条　申请资质的机构隐瞒有关情况或者提供虚假材料的，环境保护部不予受理资质申请或者不予批准资质。该机构在一年内不得再次申请资质。

申请资质的机构以欺骗、贿赂等不正当手段取得资质的，由环境保护部撤销其资质。该机构在三年内不得再次申请资质。

前两款中涉及隐瞒环境影响评价工程师真实情况的，相关环境影响评价工程师三年内不得作为资质申请时配备的环境影响评价工程师、环境影响报告书（表）的编制主持人或者主要编制人员。

第二十条　环评机构有下列情形之一的，环境保护部应当办理资质注销手续：

（一）资质有效期届满未申请延续或者未准予延续的；

（二）法人资格终止的；

（三）因不再从事环境影响报告书（表）编制工作，申请资质注销的；

（四）资质被撤回、撤销或者资质证书被吊销的。

第二十一条　环境保护部在其政府网站设置资质管理专栏，公开资质审查程序、审查内容、受理情况、审查结果等信息，并及时公布环评机构及其环境影响评价工程师基本信息。

第四章　环评机构的管理

第二十二条　环评机构应当坚持公正、科学、诚信的原则，遵守职业道德，执行国家法律、法规及有关管理要求，确保环境影响报告书（表）内容真实、客观、全面和规范。

环评机构应当积极履行社会责任和普遍服务的义务，不得无正当理由拒绝承担公益性建设项目环境影响评价工作。

第二十三条　环境影响报告书（表）应当由一个环评机构主持编制，并由该机构中相应专业类别的环境影响评价工程师作为编制主持人。环境影响报告书各章节和环境影响报告表的主要内容应当由主持编制机构中的环境影响评价工程师作为主要编制人员。

核工业类别环境影响报告书的编制主持人还应当为注册核安全工程师，各章节的主要编制人员还应当为核工业类别环境影响评价工程师。

主持编制机构对环境影响报告书（表）编制质量和环境影响评价结论负责，环境影响报告书（表）编制主持人和主要编制人员承担相应责任。

第二十四条 环评机构接受委托编制环境影响报告书（表），应当与建设单位签订书面委托合同。委托合同不得由环评机构的内设机构、分支机构代签。

禁止涂改、出租、出借资质证书。

第二十五条 环境影响报告书（表）应当附主持编制的环评机构资质证书正本缩印件。缩印件页上应当注明建设项目名称等内容，并加盖主持编制机构印章和法定代表人名章。

环境影响报告书（表）中应当附编制人员名单表，列出编制主持人和主要编制人员的姓名及其环境影响评价工程师职业资格证书编号、专业类别和登记编号以及注册核安全工程师执业资格证书编号和注册证编号。编制主持人和主要编制人员应当在名单表中签字。

资质证书缩印件页和环境影响报告书（表）编制人员名单表格式由环境保护部另行制定。

第二十六条 环评机构应当建立其主持编制的环境影响报告书（表）完整档案。档案中应当包括环境影响报告书（表）及其编制委托合同、审批或者核准批复文件和相关的环境质量现状监测报告原件、公众参与材料等。

第二十七条 环评机构出资人、环境影响评价工程师等基本情况发生变化的，应当在发生变化后六十个工作日内向环境保护部备案。

第二十八条 环评机构在领取新的资质证书时，应当将原资质证书交回环境保护部。

环评机构遗失资质证书的，应当书面申请补发，并在公共媒体上刊登遗失声明。

第二十九条 环评机构中的环境影响评价工程师和参与环境影响报告书（表）编制的其他相关专业技术人员应当定期参加环境影响评价相关业务培训，更新和补充业务知识。

第五章 环评机构的监督检查

第三十条 环境保护主管部门应当加强对环评机构的监督检查。监督检查时可以查阅或者要求环评机构报送有关情况和材料，环评机构应当如实提供。

监督检查包括抽查、年度检查以及在环境影响报告书（表）受理和审批过程中对环评机构的审查。

第三十一条 环境保护部组织对环评机构的抽查。省级环境保护主管部门组织对住所在本行政区域内的环评机构的年度检查。

环境保护主管部门组织的抽查和年度检查，应当对环评机构的资质条件和环境影响评价工作情况进行全面检查。

第三十二条 环境保护主管部门在环境影响报告书（表）受理和审批过程中，应当对环境影响报告书（表）编制质量、主持编制机构的资质以及编制人员等情况进行审查。

对主持编制机构不具备相应资质等级和评价范围以及不符合本办法第二十三条和第二十五条有关规定的环境影响报告书（表），环境保护主管部门不予受理环境影响报告书（表）审批申请；对环境影响报告书（表）有本办法第三十六条或者第四十五条规定情形的，环境保护主管部门不予批准。

第三十三条 环评机构有下列情形之一的，由实施监督检查的环境保护主管部门对该机构给予通报批评：

（一）未与建设单位签订书面委托合同接受建设项目环境影响报告书（表）编制委托的，或者由环评机构的内设机构、分支机构代签书面委托合同的；

（二）主持编制的环境影响报告书（表）不符合本办法第二十五条规定格式的；

（三）未建立主持编制的环境影响报告书（表）完整档案的。

第三十四条 环评机构有下列情形之一的，由环境保护部责令改正；拒不改正的，责令其限期整改一至三个月：

（一）逾期未按本办法第十四条规定申请资质变更的；

（二）逾期未按本办法第二十七条规定报请备案环评机构出资人和环境影响评价工程师变化情况的。

第三十五条 环评机构主持编制的环境影响报告书（表）有下列情形之一的，由实施监督检查的环境保护主管部门责令该机构以及编制主持人和主要编制人员限期整改三至六个月：

（一）环境影响报告书（表）未由相应的环境影响评价工程师作为编制主持人的；

（二）环境影响报告书的各章节和环境影响报告表的主要内容未由相应的环境影响评价工程师作为主要编制人员的。

第三十六条 环评机构主持编制的环境影响报告书（表）有下列情形之一的，由实施监督检查的环境保护主管部门责令该机构以及编制主持人和主要编制人员限期整改六至十二个月：

（一）建设项目工程分析或者引用的现状监测数据错误的；

（二）主要环境保护目标或者主要评价因子遗漏的；

（三）环境影响评价工作等级或者环境标准适用错误的；

（四）环境影响预测与评价方法错误的；

（五）主要环境保护措施缺失的。

有前款规定情形，致使建设项目选址、选线不当或者环境影响评价结论错误的，依照本办法第四十五条的规定予以处罚。

第三十七条 环评机构因违反本办法规定被责令限期整改的，限期整改期间，做出限期整改决定的环境保护主管部门及其以下各级环境保护主管部门不再受理该机构编制的环境影响报告书（表）审批申请。

环境影响评价工程师被责令限期整改的，限期整改期间，做出限期整改决定的环境保护主管部门及其以下各级环境保护主管部门不再受理其作为编制主持人和主要编制人员编制的环境影响报告书（表）审批申请。

第三十八条　环评机构不符合相应资质条件的，由环境保护部根据其实际达到的资质条件，重新核定资质等级和评价范围或者撤销资质。

环评机构经重新核定的资质等级降低或者评价范围缩减的，在重新核定前，按原资质等级和缩减的评价范围接受委托编制的环境影响报告书（表）需要继续完成的，应当报经环境保护部审核同意。

第三十九条　环境保护主管部门应当建立环评机构及其环境影响评价工程师诚信档案。

县级以上地方环境保护主管部门应当建立住所在本行政区域、编制本级环境保护主管部门审批的环境影响报告书（表）的环评机构及其环境影响评价工程师的诚信档案，记录本部门对环评机构及其环境影响评价工程师采取的通报批评、限期整改和行政处罚等情况，并向社会公开。通报批评、限期整改和行政处罚等情况应当及时抄报环境保护部。

环境保护部应当将环境保护主管部门对环评机构及其环境影响评价工程师采取的行政处理和行政处罚等情况，记入全国环评机构和环境影响评价工程师诚信档案，并向社会公开。

第四十条　环境保护部在国家环境影响评价基础数据库中建立环评机构工作质量监督管理数据信息系统，采集环境影响报告书（表）内容、编制机构、编制人员、编制时间、审批情况等信息，实现对环评机构及其环境影响评价工程师工作质量的动态监控。

第四十一条　县级以上地方环境保护主管部门不得设置条件限制环评机构承接本行政区域内建设项目的环境影响报告书（表）编制工作。

第四十二条　县级以上地方环境保护主管部门在监督检查中发现环评机构有本办法第三十四条、第三十八条、第四十四条第二款、第四十五条规定情形的，应当及时向环境保护部报告并提出处理建议。

第四十三条　任何单位和个人有权向环境保护主管部门举报环评机构及其环境影响评价工程师违反本办法规定的行为。接受举报的环境保护主管部门应当及时调查，并依法做出处理决定。

第六章　法律责任

第四十四条　环评机构拒绝接受监督检查或者在接受监督检查时弄虚作假的，

由实施监督检查的环境保护主管部门处三万元以下的罚款，并责令限期整改六至十二个月。

环评机构涂改、出租、出借资质证书或者超越资质等级、评价范围接受委托和主持编制环境影响报告书（表）的，由环境保护部处三万元以下的罚款，并责令限期整改一至三年。

第四十五条 环评机构不负责任或者弄虚作假，致使主持编制的环境影响报告书（表）失实的，依照《中华人民共和国环境影响评价法》的规定，由环境保护部降低其资质等级或者吊销其资质证书，并处所收费用一倍以上三倍以下的罚款，同时责令编制主持人和主要编制人员限期整改一至三年。

第四十六条 环境保护主管部门工作人员在环评机构资质管理工作中徇私舞弊、滥用职权、玩忽职守的，依法给予处分；构成犯罪的，依法追究刑事责任。

第七章 附 则

第四十七条 环评机构资质被吊销、撤销或者注销的，环境保护主管部门可继续完成已受理的该机构主持编制的环境影响报告书（表）审批工作。

第四十八条 本办法所称负责审批或者核准环境影响报告书（表）的主管部门包括环境保护主管部门和海洋主管部门；所称主管部门审批或者核准的环境影响报告书（表），是指经环境保护主管部门审批或者经海洋主管部门核准完成的环境影响报告书（表），不包括因有本办法第三十六条和第四十五条所列情形不予批准或者核准的环境影响报告书（表）。

第四十九条 本办法所称环境影响评价工程师，是指已申报所从业的环评机构和专业类别，在申报的环评机构中全日制专职工作且具有相应职业资格的专业技术人员。环境影响评价工程师从业情况申报的相关管理规定由环境保护部另行制定。

本办法所称注册核安全工程师，是指在注册的环评机构中全日制专职工作且具有相应执业资格的专业技术人员。

第五十条 本办法由环境保护部负责解释。

第五十一条 本办法自 2015 年 11 月 1 日起施行。原国家环境保护总局发布的《建设项目环境影响评价资质管理办法》（国家环境保护总局令第 26 号）同时废止。

建设项目环境影响评价资质中的评价范围类别划分

评价范围类别		资质条件中和作为编制主持人的 环境影响评价工程师相应的专业类别
环境影响报告书类别	轻工纺织化纤	轻工纺织化纤
	化工石化医药	化工石化医药
	冶金机电	冶金机电
	建材火电	建材火电
	农林水利	农林水利
	采掘	采掘
	交通运输	交通运输
	社会服务	社会服务
	海洋工程	海洋工程
	输变电及广电通信	输变电及广电通信
	核工业	核工业
环境影响报告表类别	一般项目	任一类别
	核与辐射项目	输变电及广电通信或者核工业

《建设项目环境影响评价资质管理办法》配套文件

建设项目环境影响报告书（表）中资质证书缩印件页和
编制人员名单表页格式规定

第一条 资质证书缩印件页和编制人员名单表页应当附具在环境影响报告书（表）正文之前。

第二条 资质证书缩印件页格式按照附 1 执行。

第三条 编制人员名单表页格式按照附 2 执行。

第四条 编制人员名单表的编制内容中，应当填写环境影响报告书的相应章节名称，或者环境影响报告表的工程分析、主要污染物产生及排放情况、环境影响分析、环境保护措施、结论与建议及专项评价等相应内容。

第五条 环境影响报告书（表）报批件和存档件中附具的资质证书缩印件页和编制人员名单表页应当为签章和签名原件。

附 1

资质证书缩印件页格式

建设项目环境影响评价资质证书

（按正本原样边长三分之一缩印的彩色缩印件）

项目名称：×××××× _____

文件类型：(注明环境影响报告书或者环境影响报告表)_____

适用的评价范围：_____

法定代表人：×××_____（签章）

主持编制机构：×××××_____（签章）

附 2

编制人员名单表格式

(项目名称) 环境影响报告书（表）编制人员名单表

编制主持人		姓名	职（执）业资格证书编号	登记（注册证）编号	专业类别	本人签名
主要编制人员情况	序号	姓名	职（执）业资格证书编号	登记（注册证）编号	编制内容	本人签名
	1					
	2					
	3					
	4					
	5					
	6					
	7					
	8					
	...					

附录三

建设项目环境影响报告表

（试行）

项 目 名 称：_____

建设单位（盖章）：_____

编制日期：　　　年　　月　　日

国家环境保护总局制

《建设项目环境影响报告表》编制说明

《建设项目环境影响报告表》由具有从事环境影响评价工作资质的单位编制。

1. 项目名称——指项目立项批复时的名称，应不超过 30 个字（两个英文字段作一个汉字）。

2. 建设地点——指项目所在地详细地址，公路、铁路应填写起止地点。

3. 行业类别——按国标填写。

4. 总投资——指项目投资总额。

5. 主要环境保护目标——指项目区周围一定范围内居民住宅区、学校、医院、保护文物、风景名胜区、水源地和生态敏感点，应尽可能给出保护目标、性质、规模和距厂界距离等。

6. 结论与建议——给出本项目清洁生产、达标排放和总量控制的分析结论，确定污染防治措施的有效性，说明本项目对环境造成的影响，给出建设项目环境可行性的明确结论。同时提出减少环境影响的其他建议。

7. 预审意见——由行业主管填写答复意见，无主管部门项目，可不填。

8. 审批意见——由负责审批该项目的环境保护行政主管部门批复。

建设项目基本情况

建设名称					
建设单位					
法人代表			联系人		
通信地址		省（自治区、直辖市）		市（县/区）	
联系电话		传真		邮政编码	
建设地点					
立项审批部门			批准文号		
建设性质	□新建　□改扩建　□技改		行业类别及代码		
占地面积（m²）			绿化面积（m²）		
总投资（万元）		其中：环保投资（万元）		环保投资占总投资比	
评价经费（万元）		预计投产日期		年　　月　　日	

工程内容及规模：

与本项目有关的原有污染源情况及主要环境问题：

建设项目所在自然环境社会环境简况

自然环境简况（地形、地貌、地质、气候、气象、水文、植被、生物多样性等）：

社会环境情况（社会经济结构、教育、文化、文物保护等）：

环境质量情况

建设项目所在地区域环境质量现状及主要环境问题（环境空气、地面水、地下水、声环境、生态环境）：

主要环境保护目标（列出名单及保护级别）：

评价适用标准

环境质量标准	
污染物排放标准	
总量控制建议指标	

建设项目工程分析

工艺流程简述：（图示）

主要污染工序：

项目主要污染源生产及预计排放情况

类型＼内容	排放源（编号）	污染物名称	处理前产生浓度及产生量（单位）	排放浓度及排放量（单位）
大气污染物				
水污染物				
固体废物				
噪声				
其他				

主要生态影响（不够时见附另页）：

环境影响分析

施工期环境影响简要分析:

营运期环境分析:

建设项目拟采取的防治措施及预期治理效果

内容 类型	排放源（编号）	污染物名称	防治措施	预期治理效果
大气污染物				
水污染物				
固体废物				
噪声				
其他				

生态保护措施及预期效果

结论与建议

一、结论

二、建议

下一级环境保护主管部门审查意见：

单位公章

经办人：　　　　　　　　　　　　　　　　年　　月　　日

审批意见：

公章

经办人：　　　　　　　　　　　　　　　　年　　月　　日

注　释

一、本报告表应附以下附件、附图：

附件1　环境影响评价委托书

附件2　其他与环评有关的行政管理文件

附图1　项目地理位置图（应反映行政区划分、水系、标明纳污口位置和地理、地貌等）

附图2　项目平面布置图

二、如果本报告表不能说明项目产生的污染及对环境造成的影响。应进行专项评价。根据建设项目的特点和当地环境特征，应选下列1～2项进行专项评价。

1. 大气环境影响专项评价

2. 水环境影响专项评价（包括地表水和地下水）

3. 生态影响专项评价

4. 声影响专项评价

5. 土壤影响专项评价

6. 固体废物影响专项评价

7. 环境风险评价

以上专项评价未包括的可另列专项，专项评价按照《环境影响评价技术导则》中的要求进行。

附录四

建设项目环境影响登记表

填 表 说 明

1．填表人应当仔细阅读《建设项目环境影响登记表备案管理办法》，知晓相关的权利和义务。

2．建设项目符合《建设项目环境影响登记表备案管理办法》的规定。

3．建设单位自觉接受环境保护主管部门或者其他负有环境保护监督管理职责的部门的日常监督管理。

建设项目环境影响登记表

填报日期：

项目名称			
建设地点		占地（建筑、营业）面积（m^2）	
建设单位		法定代表人或者 主要负责人	
联系人		联系电话	
项目投资（万元）		环保投资（万元）	
拟投入生产运营日期			
项目性质	□新建　　□改建　　□扩建		
备案依据	该项目属于《建设项目环境影响评价分类管理名录》中应当填报环境影响登记表的建设项目，属于第××类××项中××。		
建设内容及规模	□工业生产类项目□生态影响类项目□餐饮类项目□畜禽养殖类项目 □核工业类项目（核设施的非放射性和非安全重要建设项目） □核技术利用类项目□电磁辐射类项目		
主要环境影响	□废气 □废水： 　□生活污水 　□生产废水 □固废 □噪声 □生态影响 □辐射环境影响	采取的环保措施及排放去向	□无环保措施： ＿＿＿直接通过＿＿＿排放至＿＿＿。 □有环保措施： □＿＿＿采取＿＿＿措施后通过＿＿排放至＿＿＿＿＿。 □其他措施：＿＿＿＿＿＿。

承诺：××（建设单位名称及法定代表人或者主要负责人姓名）承诺所填写各项内容真实、准确、完整，建设项目符合《建设项目环境影响登记表备案管理办法》的规定。如存在弄虚作假、隐瞒欺骗等情况及由此导致的一切后果由××（建设单位名称及法定代表人或者主要负责人姓名）承担全部责任。

法定代表人或者主要负责人签字：

备案回执

　该项目环境影响登记表已经完成备案，备案号：××××××。

附录五

填表单位（盖章）：　　　　　填表人（签字）：　　　　　项目经办人（签字）：

建设项目环评审批基础信息表

	项目名称		建设地点	
	项目代码¹			
建	建设内容、规模	建设内容：　　规模：　　计量单位：	计划开工时间	
设	项目建设周期		预计投产时间	
项	环境影响评价行业类别		国民经济行业类型²	
目	建设性质			
	现有工程排污许可证编号（改、扩建项目）		项目申请类别	
	规划环评开展情况		规划环评文件名	
	规划环评审查机关		规划环评审查意见文号	
	建设地点中心坐标³（非线性工程）	经度　　　　纬度	环境影响评价文件类别	
	建设地点坐标（线性工程）	起点经度　　起点纬度	终点经度　　终点纬度	
	总投资（万元）		环保投资（万元）　工程长度	所占比例（%）

建设单位	单位名称		法人代表		单位名称		证书编号	
	通信地址		技术负责人		通信地址		联系电话	
	统一社会信用代码（组织机构代码）		联系电话		评价单位	环评文件项目负责人		

污染物排放量	污染物		现有工程（已建+在建）		本工程（拟建或调整变更）	总体工程（已建+在建+拟建或调整变更）				排放方式
			①实际排放量（t/a）	②许可排放量（t/a）	③预测排放量（t/a）	④"以新带老"削减量（t/a）	⑤区域平衡替代本工程削减量[4]（t/a）	⑥预测排放总量（t/a）	⑦排放增减量（t/a）	
废水	废水量									□不排放
	COD									□间接排放：□市政管网 □集中式工业污水处理厂
	氨氮									□直接排放：受纳水体____
	总磷									
	总氮									
废气	废气量									
	二氧化硫									
	氮氧化物									
	颗粒物									
	挥发性有机物									

注：1. 同级经济部门审批核发的唯一项目代码。

2. 分类依据：《国民经济行业分类》（GB/T 4754—2017）。

3. 对多点项目仅提供主体工程的中心座标。

4. 指该项目所在区域通过"区域平衡"专为本工程替代削减的量。

5. ⑦=③-④-⑤，⑥=②-④+③。

附录 **215**

影响及主要措施 生态保护目标	名称	级别	主要保护对象（目标）	工程影响情况	是否占用	占用面积（hm²）	生态防护措施
项目涉及保护区与风景名胜区的情况	自然保护区						避让 减缓 补偿 重建（多选）
	饮用水水源保护区（地表）		—				避让 减缓 补偿 重建（多选）
	饮用水水源保护区（地下）		—				避让 减缓 补偿 重建（多选）
	风景名胜区		—				避让 减缓 补偿 重建（多选）

附录六

广东省环境保护厅建设项目环境影响评价文件审批程序规定

第一章　总　则

第一条　为规范建设项目环境影响评价文件审批行为，提高行政审批效率，根据《中华人民共和国行政许可法》、《中华人民共和国环境影响评价法》、《广东省建设项目环境保护管理条例》和《广东省行政许可监督管理条例》等法律法规，参照《国家环境保护总局建设项目环境影响评价文件审批程序规定》（国家环境保护总局令第 29 号），制定本规定。

第二条　本规定适用于广东省环境保护厅负责审批的建设项目环境影响评价文件（包括环境影响报告书、环境影响报告表）的审批。

第三条　广东省环境保护厅审批建设项目环境影响评价文件，遵循公开、公平、公正的原则，做到便民和高效。

第二章　申请与受理

第四条　按照有关规定由广东省环境保护厅审批的建设项目环境影响评价文件，建设单位应当向广东省环境保护厅提出申请，提交下列材料，并对所有申报材料内容的真实性和准确性负责：

（一）建设项目环境影响评价文件报批申请书 1 份；

（二）建设项目环境影响评价文件纸质版（报告书 10 份，报告表 2 份），电子版 2 份。

（三）依据有关法律法规规章应提交的其他文件。

第五条　广东省环境保护厅对建设单位提出的申请和提交的材料，根据情况分别做出下列处理：

（一）申请材料齐全、符合法定形式的，予以受理，并出具受理回执；需要技术评估的，应当在受理时将技术评估所需时间以书面形式告知建设单位。

（二）申请材料不齐全或不符合法定形式的，当场或在五个工作日内一次性书面告知建设单位需要补正的全部内容。

（三）按照审批权限规定不属于广东省环境保护厅审批的申请事项，不予受理，并告知建设单位向有关机关申请。

第六条　广东省环境保护厅在其网站（网址：www.gdep.gov.cn）公布受理的建设项目信息。国家规定需要保密的除外。

第三章 审 查

第七条 广东省环境保护厅受理建设项目环境影响评价文件后，可委托环境影响评估机构对环境影响评价文件进行技术评估，组织专家评审。

第八条 广东省环境保护厅主要从下列方面对建设项目环境影响评价文件进行审查：

（一）建设项目是否符合环境保护相关法律法规和政策要求。

（二）建设项目选址、选线、布局是否符合相关规划的要求，涉及自然保护区、饮用水水源保护区、严格控制区、风景名胜区、森林公园及其他需要特别保护的环境敏感区域的，是否符合该区域内建设项目环境管理的有关规定。

（三）拟采取的污染防治措施是否能使污染物排放达到规定的排放标准，是否符合污染物排放总量控制要求；拟采取的生态保护措施是否能有效预防和控制生态破坏；涉及可能产生辐射和放射性污染的，拟采取的防治措施是否能有效预防和控制辐射和放射性污染。

（四）项目所在区域环境质量是否满足相应环境功能区划要求；对于环境质量现状不能满足环境功能区划要求的，是否能使区域环境质量不下降。

（五）环境影响评价文件编制内容是否符合法律法规和相关技术规范的要求。

第九条 广东省环境保护厅审批的建设项目环境影响评价文件，项目所在地地级以上市环保部门应在收到省环境保护厅征求环境影响评价文件意见的文件之日起十个工作日内提出初审意见，逾期视为同意。

第四章 批 准

第十条 符合本规定第八条所列条件，经审查通过的建设项目，广东省环境保护厅做出予以批准其环境影响评价文件的决定，并书面通知建设单位。对不符合本规定第八条所列条件的建设项目，广东省环境保护厅做出不予批准其环境影响评价文件的决定，书面通知建设单位，并说明理由。

第十一条 广东省环境保护厅在做出批准的决定前，在其网站公示拟批准或不予批准的建设项目信息；在做出批准决定后，定期在其网站公告建设项目审批决定。国家规定需要保密的除外。

第十二条 建设项目的环境影响评价文件自批准之日起超过五年，方决定该项目开工建设的，其环境影响评价文件应当报广东省环境保护厅重新审核。

广东省环境保护厅从下列方面对环境影响评价文件进行重新审核：

（一）建设项目所在区域环境质量状况有无变化；

（二）原审批中适用的法律、法规、规章、标准有无变化。

若上述两方面均未发生变化，广东省环境保护厅做出予以通过审核的决定，并书面通知建设单位。

第十三条　建设项目的环境影响评价文件经批准后，建设项目的性质、规模、地点、生产工艺和环境保护措施五个因素中的一项或一项以上发生重大变动，且可能导致环境影响显著变化（特别是不利环境影响加重的）的，建设单位应当重新报批建设项目的环境影响评价文件。

第十四条　建设单位对审批或重新审核决定有异议的，可依法申请行政复议或提起行政诉讼。

第五章　期　限

第十五条　广东省环境保护厅应当自收到环境影响报告书之日起六十日内，收到环境影响报告表之日起三十日内，分别做出审批决定并书面通知建设单位。

对建设项目环境影响评价文件的审批时限，国家和省另有规定的从其规定。

第十六条　重新审核的建设项目，广东省环境保护厅应当自收到环境影响评价文件之日起十日内，将审核意见书面通知建设单位。

第十七条　需要进行听证、专家评审和技术评估的，所需时间不计算在本章规定的期限内。技术评估工作原则上应在三十日内完成。

第六章　附　则

第十八条　本规定自 2015 年 12 月 1 日起实施，有效期五年。